BIBLIOTHÈQUE DU JARDINIER

PUBLIÉE

AVEC LE CONCOURS DU MINISTÈRE DE L'AGRICULTURE

CULTURE

DE LA PENSÉE

PAR

LE Bᵒⁿ DE PONSORT

PARIS

LIBRAIRIE AGRICOLE DE LA MAISON RUSTIQUE

26, RUE JACOB, 26

TRAITÉ

sur la

CULTURE DE LA PENSÉE

TRAITÉ

SUR LA

CULTURE DE LA PENSÉE

PAR

LE Bᵒⁿ DE PONSORT

ANCIEN OFFICIER SUPÉRIEUR DE CAVALERIE,
CHEVALIER DE LA LÉGION-D'HONNEUR, MEMBRE CORRESPONDANT
DES SOCIÉTÉS ROYALES DE MUNICH, DE BRUXELLES,
ET DE PLUSIEURS SOCIÉTÉS FRANÇAISES

Ha quoque non cura nobis leviore tuenda
Nec minor usus erit.

VIRGILE.

PARIS

LIBRAIRIE AGRICOLE DE LA MAISON RUSTIQUE

26, RUE JACOB, 26

1865

INTRODUCTION.

Sans inquiétude sur ses destinées futures, le monde applique aux arts l'activité qui le dévore. Il invente, il simplifie, il s'avance à pas de géant dans la carrière ouverte. Sa pensée, rapide comme la foudre, glisse dans l'air sur trois branches mobiles; l'Océan irrité s'incline sous la dilatation des larmes de son onde, et les monts sourcilleux, s'entr'ouvrant à leur base, confondront bientôt les nations. Etincelle de la sagesse divine, l'homme a sondé les abymes de la terre, a mesuré l'immensité des cieux; il s'élève et veut s'élever encore, entraîné dans une autre sphère par cette attraction mystérieuse qui porte l'une sur l'autre les molécules homogènes. Quand du sommet des connaissances humaines le savant plonge son regard d'aigle à travers les profondeurs incommensurables du firmament, d'intrépides voyageurs gravissent péniblement la colline, exploitent en chemin leur horizon particulier. Leurs écrits, pour nous servir d'une comparaison sensible, ressemblent à ces forts détachés dont les feux se croisent ; le point hors de la portée d'une intelligence est sillonné par l'intelligence voisine, et ce mutuel pouvoir, excitant leur rivalité, les pousse vers des routes inconnues, marque de leur doigt les plus sublimes conceptions.

Par une conséquence naturelle de cet amour de gloire, les problèmes abstraits de la métaphysique ont été successivement résolus ; les faits ordinaires restent à expliquer. Cette ignorance nous a déjà conduit dans l'arène, nous y amène une seconde fois. Membres d'une même famille, nous devons, selon nos moyens, contribuer tous à son bien-être. L'existence stérile... c'est la plante parasite..., c'est la mort ; mais la mort dans toutes ses horreurs, et voilà pourquoi, nous qui aurions payé de notre vie un renom passager, voilà pourquoi nous élevons la voix malgré notre néant, pourquoi nous mêlons notre goutte d'eau au fleuve impétueux de l'expérience.

Cet ouvrage, fruit de longues études, repose sur la réfutation de ce principe : *La Pensée est annuelle ;* il prouve jusqu'à l'évidence sa richesse, sa longévité ; il mine les idées actuelles ; il fournit les moyens d'entretenir, de renouveler même une collection, sans avoir recours au commerce. Nous y avons concentré les forces de notre faiblesse ; nous l'offrons au public avec joie, heureux d'avoir jeté les fondements du vaste édifice que le temps doit achever !

TRAITÉ

CULTURE DE LA PENSÉE.

CHAPITRE PREMIER.

Historique de la Pensée.

Un auteur, peignant d'un mot le cynisme du philosophe le plus étrange, s'écriait dans son inimitable langage : *Sa patrie, c'est l'univers !* et je ne puis m'empêcher de ressusciter cette expression dans cette esquisse rapide de la Pensée. Où poser, en effet, le berceau de cette humble fleur que l'on rencontre de l'océan Atlantique au Grand-Océan, du lac Ontario à la Terre-de-Feu ? Si je fonde mon opinion sur sa nature, quel pays lui assigner à elle, plante bizarre, qui s'épanouit entre les interstices des glaciers éternels, sur les laves fumantes d'un volcan abandonné ? Dieu l'a répandue sans doute dans l'univers comme la pensée, son homonyme, dans le champ intellectuel ; l'homme pense partout, partout la terre produit certaines espèces du Viola.

Ainsi la Pensée pare depuis long-temps nos jardins, mais sa culture fut long-temps négligée. Le vent dispersait la graine ; la graine apparaissait tantôt sous une forme, tantôt sous une autre. René d'Anjou, vaincu par Alphonse V, l'entoure le premier d'un soin minutieux : il conserve les individus, il les multiplie, il lègue ses découvertes à la postérité. Malheureusement la succession au trône de Naples et bientôt la prise de Constantinople bouleversent l'Europe : à la mort du roi la fleur retombe dans l'obscurité, puis de longs siècles s'écoulent...; enfin une jeune lady donne au continent étonné les variations extraordinaires du Grandiflora.

Madame Loudon, femme d'un célèbre botaniste, rapporte en ces termes cette phase de la Pensée.

« Vers l'an 1812, lady Mary Bennet, aujourd'hui » lady Monck, avait dans le jardin de son père, le » comte de Tankerville, à Walton, sur la Tamise, » un petit fleuriste entièrement planté en Pensées. La » jeune lady désirait naturellement y réunir autant de

» différentes sortes ou variétés que possible ; et , pour
» la satisfaire, M. Richardson , son industrieux jardi-
» nier , éleva de graines autant de variétés qu'il put.
» De ce petit commencement datent les premiers soins
» que l'on prit de la Pensée , la passion que l'on ap-
» porte maintenant à sa culture. M. Richardson , sur-
» pris de la beauté de ses semis, les montra à M. Lée,
» de la pépinière de Hammersmith. M. Lée vit de suite
» les avantages qu'on pourrait en retirer ; d'autres pé-
» piniéristes suivirent son exemple, et en peu d'années
» la Pensée prit place parmi les fleurs de fleuriste. »

Madame Loudon se laisse égarer par son amour
national. Trois siècles et demi, ou à peu près, avant
lady Monck , le bon René , oubliant en Provence
l'adoption de Jeanne II , avait soigné tout particuliè-
rement cette fleur. La belle lady a donc construit sur
d'anciennes bases , construit à une époque où pour le
faire il fallait l'indifférence d'un Anglais. Vainqueur
des hommes , Napoléon , cette preuve palpable de la
fragilité humaine , avait échoué contre les éléments ;
les peuples soumis insultaient à son malheur ; la neige,
les maladies, la faim , décimaient nos soldats ; la
France pleurait ses grenadiers gelés, ses lauriers fa-
nés : il ne lui restait que des soucis , que de sombres
pensées.

Ainsi l'Angleterre doit à son insouciance le monopole primitif du Viola. Elle nous a devancés, nous l'égalons aujourd'hui ; mais l'amateur demande encore à l'étranger ses produits les plus beaux. Pour justifier cette triste manie, Londres présente avec orgueil les émanations du Grandiflora, hybridées par les Tricolor, les Altaïca, les Rothomagensis ; Londres se retranche coquettement derrière ces Pensées, dites Anglaises, parce que la Tamise les a vues naître ; et pourtant dans ce genre même nous la suivons de près, nous la dépasserions peut-être sans la folie du siècle. Le ressentiment ne m'aveugle pas : éclairez les masses, accordez à mérite égal la préférence aux gains nationaux, je confesserai notre impuissance si le Français reste en arrière.

Quoi qu'il en soit, ce genre, depuis 1812, a pris une fabuleuse extension. En 1835, il semblait à son apogée : il se développe chaque jour, et nul ne peut assigner de bornes à son empire. Quel trésor sous cette humilité ? Le Créateur lui prodigue les ressources de son pinceau ; son nom est plein de poésie, ses corolles d'éloquence, sa présence de souvenirs. Lecteurs, si vous avez pleuré l'absence d'une épouse, d'une mère ; si vous avez aimé, dites ce qu'il y a de consolation dans une Pensée ; narrez le mystérieux écho qu'elle renferme ! Pour moi, semblable au peintre de l'antiquité dont le crayon voile les traits d'une femme, dans l'impossibilité de rendre sa douleur devant le cadavre de son fils ; pour moi, je ne sais pas de mots qui traduisent ces sentiments profonds, je me tais de peur de les défigurer.

Chose étrange ! chaque pays attache un surnom au Viola, tous lui conservent le même emblème. Je pourrais montrer Véturie l'envoyant, afin de conjurer l'orage, à Coriolan inflexible ; le célèbre Alfred préparant avec lui la victoire de Devon ; sans m'arrêter au comte de Provence, je pourrais peindre saint Louis, malade à Pontoise, entouré de ces fleurs, qu'il adresse à sa mère ; j'évoquerai seulement l'ombre du merveilleux pacha d'Acre.

Achmet Djezzard, poursuivi de retraite en retraite, s'enferme dans une ville dévouée avec une poignée d'hommes, misérables débris de ses orgueilleuses légions. Deux mois il tient l'ennemi en échec ; écrasé enfin par le nombre, manquant de vivres, de munitions, il assemble ses soldats, il parcourt leurs rangs, il s'écrie :

« Mahomet nous abandonne : de tous côtés l'infidèle envahit ces murs ; compagnons, mon bras ne vous défendrait plus, je vais chercher un secours invincible. »

Ce disant, il stimule son coursier, il le lance à travers l'espace, il tombe inanimé au pied des remparts. Un esclave accouru étanche le sang ; Achmet se traîne, arrache, suprême effort, un Viola sauvage, le remet au mameluk, et balbutie : Ma bourse... pour toi,... pour... Fatime... cet...te fleur ! C'en était trop : sa tête s'affaisse ; de tant de magnificence il restait un cadavre informe.

Supposons maintenant une personne qui a rempli l'univers de son nom, dont les ancètres ont été chers aux princes, dont l'origine se perd dans la nuit des temps. Elle cache sous une apparence modeste les plus rares perfections ; elle sait le palliatif de toutes les souffrances, elle est à la portée de tous les esprits ; chacun la recherche, chacun la fête ; protesterons-nous seuls ?... Nous l'admirerons plutôt. Messieurs, notre hypothèse a sa réalité. Ce personnage unique, c'est la Pensée ; ne soyez donc plus étonné de sa vogue croissante !...

CHAPITRE II.

Beauté de la Pensée.

Le calice a cinq folioles persistantes, allongées, aiguës; les cinq pétales inégaux, dont le supérieur, plus grand, se prolonge en éperon; les cinq étamines à anthères rapprochées; la capsule à trois valves séminifères, rangent la Pensée dans la grande famille des Violettes. N'attendez point, par conséquent, une de ces plantes altières qui se balancent gracieuses sur leur pédoncule élancé; ne lui demandez pas la majesté du Lis, l'éclat de la Rose : chez elle tout est modestie; elle rappelle ces jeunes filles bien humbles au milieu d'une société choisie : on les dédaigne d'abord, on les admire bientôt, tant on découvre en elles de qualités précieuses.

Pour analyser le mérite du Viola, il faut être dans cette sombre mélancolie où les fibres de l'âme fortement tendues acquièrent tout à coup une vibration insolite; aussi ce mérite, relevant directement de l'imagination, varie à l'infini. Tel vante le bien, tel autre l'incarnat, parce qu'ils répercutent à leurs sens les illusions du jeune âge. Celui-ci anime les stries dans son intuition, les transforme en un monde fantasque devant lequel il s'extasie ; celui-là rencontre dans les mêmes ondulations une insulte amère à sa tristesse, et brise l'idole si solennellement encensée. Les villes ne s'entendent pas mieux : l'une envisage le coloris seul, et ne trouve vraiment beau que le gain d'un ton singulier ; l'autre fonde son enthousiasme sur les dimensions, sur la tenue, et envie les corolles larges, d'une bonne conformation ; une troisième, méprisant l'extérieur, la nuance, s'enflamme pour le sujet dont les lignes rameuses dessinent la tête d'un animal quelconque.

Avant de hasarder mon avis, je me suis dépouillé de toute impression personnelle ; j'ai froidement pesé ces controverses, j'ai essayé de les rapprocher en les combinant. Voici donc, je crois, les caractères constitutifs d'une belle Pensée, prise au point de vue horticole :

1° Une touffe basse, garnie, se présentant en dôme.

2° Un pédoncule proportionné à l'individu, ferme, droit, qui soutienne la fleur avec grâce, qui la montre perpendiculairement de face.

3° Des corolles très larges, d'un ensemble régulièrement arrondi, et sans solution de continuité.

4° Des pétales vigoureux, lisses, ondulés vers leurs extrémités, d'une couleur vive.

5° Un sommet opposé au fond, sur lequel il tranche, à moins que la nuance bizarre ne rachète son uniformité.

6° Un coloris pur et chaud, quel qu'il soit, mais de préférence rouge vif, incarnat, orange, rose ou vermillon.

7° Un ton qui ne fonde pas, c'est-à-dire que l'eau n'altère point. Parfois, en effet, les deux pétales supérieurs se détachant foncés sur les trois inférieurs, la pluie les décompose, confond les teintes, les déprécie.

8° Une imitation plus ou moins régulière d'une figure humaine, produite par les ramifications de la macule.

Les plus splendides Violas descendent de six souches principales, dont ils conservent, malgré leurs croisements continuels, un cachet inaltérable.

Les fleurs jaunes, d'un pourpre foncé, proviennent du Grandiflora, ce tronc commun d'où émanent les mille variétés du genre. (Quelques auteurs prennent pour type le Tricolor, espèce annuelle qui ne peut avoir engendré les Vivaces.)

Le produit de l'Amœna se reconnaît à ses amples folioles pourpres en haut, bleuâtres en bas.

La descendance du Lutea, jaune comme celle du Grandiflora, se distingue par ses lignes rameuses fortement prononcées.

Dans les hybrides altaïques, le jaune est très pâle, le bord est ondulé.

Le bleu tendre caractérise les enfants du Rothomagensis. Enfin, nées du Bicolor, les fleurs sont blanches, légèrement veinées de pourpre, et jaunes à la base.

Le rouge, le vermillon, l'orange, teintes favorites de l'Angleterre, se rencontrant sur de faibles corolles, on a conclu qu'elle affectionne les petites fleurs. Il n'en est rien ; l'Anglais recherche les larges dimensions (1), et, s'il immole cette fois son habitude à la rareté des nuances, ce fait, loin de constituer une règle, en est au contraire l'exception.

(1) On a mis depuis peu dans le commerce une collection de Pensées miniatures destinées aux dames ; l'amateur les dédaigne, elles confirment mes assertions.

CHAPITRE III.

La Pensée est-elle vivace ?

Réputé annuel par les anciens, le genre Viola se modifie insensiblement; un roi avance sa longévité, une noble Anglaise la pose en principe, l'expérience la sanctionne : elle semble dès lors incontestable, et notre siècle pourtant la remet en question.

Ce doute universel, s'il n'est une inconcevable démence, témoigne de notre amour inné pour la gloire. Nous doutons, afin d'enter notre réputation sur une réputation vieillie, afin de calmer les élans de notre âme. L'homme vit d'une double vie : l'une, misérable servante, le confond avec l'animal ; la popularité seule soutient l'autre, qui l'identifie à Dieu. Or, quand celle-ci, arrêtée dans son vol impétueux, languit loin du soleil vivifiant, si on oppose à sa langueur l'éclat merveilleux d'une intelligence rivale, elle se contracte, elle se consume; pour ne pas mourir, elle a besoin de douter.

Cette conséquence de notre organisme arrête l'essor

de l'industrie. Un désaveu, fût-il mal fondé, enlève à l'objet son prestige, ce prisme sans lequel rien n'est beau, rien n'est bon ; j'ai donc cru nécessaire de commenter avant tout les sophismes dont on foudroie la Pensée, car il devient superflu d'étudier sa culture, si le Viola est annuel.

Nos adversaires argumentent ainsi :

Le pivot se compose de tendres filaments unis entre eux par une humeur aqueuse, source de leur existence. L'hiver, ce sang des végétaux cessant tout à coup de pénétrer la tige, la plante se dessèche, ou du moins ses fleurs dégénèrent infailliblement ; d'où les anciens, et depuis les Allemands, sont convenus de sa caducité.

Je ne partage point cette opinion, voici pourquoi :

Le pédoncule, d'une nature poreuse à la vérité, se resserre à l'approche des frimas. La saison rigoureuse vient-elle à pas lents, les molécules fortement combinées résistent aux intempéries, et la moelle, excitée par un paillis, alimente encore le pied ; prévoit-on une transition subite, on atténue son effet en couvrant peu à peu la Pensée ; dans les deux cas, elle n'aura pas souffert, elle conservera ses titres à notre admiration.

Quant aux arguments tirés de la conduite de nos

pères, de la méthode des Allemands, que prouvent-ils, sinon l'ignorance inhérente à ces siècles? Oserait-on affirmer la vapeur inutile, parce que la vapeur leur était inconnue? Vraiment il appartient au fou de juger nos idées par les idées des ancêtres! Du reste, l'usage de l'Allemagne découlant de son climat, si on admet pour elle, chose inadmissible, l'impossibilité de conserver le Grandiflora, cette impossibilité est relative, et dès lors je dis :

Calculer la vie du groupe sur la porosité de ses tissus, c'est tourner dans un cercle vicieux ; l'établir par la coutume des anciens, par la méthode des Allemands, c'est conclure du relatif à l'absolu : donc ces allégations sont absurdes.

Considérée sous le double rapport de l'intérêt du marchand, de la jouissance de l'amateur, cette réputation est plus ridicule encore. D'abord comment le jardinier offrira-t-il un gain dont la possession est incertaine? comment fera-t-il de nouveaux adeptes? comment enchaînera-t-il la vogue à un écrin désormais sans valeur? Et l'horticulteur, aimera-t-il long-temps une branche riche aujourd'hui, pauvre demain? prendra-t-il soin d'une plante vouée de toute éternité au hasard?... Le siècle, à force de perfectionner, marche vers l'imperfection. Comparez aux étoffes ruineuses des anciens, à leurs productions massives, ces vêtements à bon marché, ces mille riens admirables d'élégance; certes ils n'attestent pas un progrès, car une génération s'abritait sous le manteau de nos pères, car leurs futilités mêmes avaient un prix intrinsèque, et nos draps durent à peine une année, et l'excentricité seule fait la valeur des chefs-d'œuvre du jour, valeur idéale que rien ne représente. Toutefois je ne décrie point le présent : le corps est le vaste cirque où les chevaux impatients bondissent, s'élancent et se rapprochent d'autant plus qu'ils s'éloignent davantage. L'esprit sillonne l'infranchissable sphère; lorsqu'il s'imagine en être loin, bien loin, il tourne sur lui, il arrive haletant à son point de départ. Tous ne s'avancent pas également rapides; la circonférence entière est à chaque instant parcourue; à chaque instant, par conséquent, l'horizon se modifie, et chacun, l'interprétant à sa guise, donne naissance à ces controverses au milieu desquelles l'imagination surprise s'égare trop souvent. Ici, du moins, choisissons la plus propice. Un avis compromet notre intérêt, notre plaisir; un autre les augmente : n'y aurait-il pas stupidité à immoler jouissance et raison au désir d'une vaine doute?...

D'ailleurs, si le Viola est annuel, par quel miracle

certains jardiniers le conservent-ils? par quelle faveur possédons-nous dans leur pureté primitive les individus d'autrefois? est-ce un caprice du hasard?... Mais, quand un sujet se perpétue identique de forme, de coloris, ce n'est plus hasard..., c'est NATURE!

Or, m'appuyant sur l'expérience, sur les propres armes de nos ennemis terrassés, je soutiens la Pensée vivace; je la proclame du premier ordre par les précautions, par les connaissances qu'elle exige.

CHAPITRE IV.

Moyens de conserver la Pensée en Allemagne.

Lorsque la température varie brusquement, le pédoncule saisi se comprime, l'humeur aqueuse se coagule, la tige s'affaisse, se pourrit. Dans les pays où cette transition soudaine constitue le climat, l'horticulteur, jugeant impossible de sauver la Pensée, sème au retour du printemps la graine recueillie l'été, jouit de la fleur, puis l'abandonne à son malheureux sort. Cette conduite érigée en principe, l'espèce se perdrait tôt ou tard, car l'amateur, le marchand, déchus sans cesse, la délaisseraient infailliblement. Grâce au Ciel, ce point est insoutenable; je l'ai dit, je le prouve en adressant à l'Allemagne les moyens suivants :

1° Soigner particulièrement et dès l'origine le gain précieux; retrancher les plantes médiocres qui l'environnent, dont les racines appauvrissent la terre; le bouturer sur une couche presque froide, bien exposée; placer sous cloche la jeune pousse, souvent chétive, toujours peu regrettable, puisqu'on la pratique par excès de prudence.

2° Vers la fin de septembre lever les semis d'élite, les disposer en quinconce, à des distances égales de 100 à 125 millimètres, dans un châssis rempli de vieux fumier, recouvert de 217 millimètres environ d'un mélange de terreau et de sol, combinés par moitié et passés au crible.

3° Proportionner l'engrais aux dimensions du coffre, de telle sorte que la tête se rapproche le plus possible du vitrage, sans néanmoins le toucher.

4° Couper avec précaution le bois fistuleux, support usé des premières folioles.

5° Soumettre la réserve à l'action propice des derniers beaux jours; la couvrir les nuits humides, avant-coureurs des frimas; l'abriter dans la journée en raison directe de l'atmosphère. Si le soleil se montre, enlever et non soulever les panneaux, car les rayons, dardant sur le verre, provoqueraient une végétation nuisible; s'il gèle, la garantir par d'épais paillassons.

6° En Russie les saisons suivent un cours régulier: la plante, protégée par la neige, ne s'étiole pas dans une intermittence continuelle; en France, au contraire, la plus grande chaleur succède tout à coup au froid le plus intense ; la sève monte, s'arrête, et de là son infériorité. Toutefois, à côté du mal le remède. Au pôle boréal les chefs se fraient des sentiers sous un ciel de glace, bravent l'intempérie de ces régions maudites. Imitez-les : ensevelissez la Pensée, puis, quand l'astre vivifiant apparaît entre les nuages, quand les cimes des sapins ne se battent plus dans les rafales du vent, suspendez pendant une heure modérément les vitraux, n'ôtez pas surtout leur linceuil, couverture bienfaisante, que les pâles rayons cristallisent.

7° Gardez-vous d'entourer les caisses d'un réchaud quelconque, qui excite le dard et l'épuise.

8° Rendez insensiblement le Viola à l'air libre ; multipliez-le d'après les règles du présent ouvrage, abstraction faite des époques, subordonnées au climat.

9° Suivez du reste mes conseils, vous obtiendrez une floraison précoce, irréprochable.

Deux motifs majeurs m'ont conduit à ces pénibles recherches : le désir de saper un raisonnement spécieux, le besoin de mériter le titre de correspondant, dont la Bavière a daigné m'honorer. Si mes forces dans ce travail ont répondu à mon courage, je le dépose sur la tombe de Maximilien-Joseph, comme le

dernier hommage d'une voix qui s'éteint ! Ma recon-
naissance bientôt ne dira plus son nom ; puisse-t-elle
le graver sur la fleur en caractères ineffaçables (1) !

(1) Ayant perdu ses père et mère sur l'échafaud de 93, l'auteur
fut emmené à la Cour de Bavière par son oncle, grand maré-
chal du palais. Son bas âge, sa position malheureuse, intéres-
sèrent le roi, qui plusieurs fois daigna lui donner d'éclatants
témoignages de sa bienveillance. Il adorait Maximilien ; mais,
contraint à l'abandonner ou à renier sa patrie, il ne pouvait
hésiter ; il partit le cœur gros de souvenirs, que le temps bien
souvent jette à sa mémoire, comme la mer sur le sable les dé-
bris du vaisseau submergé.

CHAPITRE V.

Culture de la Pensée.

Il y a un singulier rapprochement entre l'émanation de l'âme et la plante qui, d'une nature différente, se sont confondues sous le même mot. La pensée est naturelle à l'homme, est naturelle à la terre ; il faut pourtant à l'esprit une opiniâtre étude pour enfanter les conceptions sublimes, monuments impérissables de la grandeur humaine ; au Viola une culture incessante pour transmettre ses gains merveilleux à l'admiration des âges. Sans travail l'intelligence végète, perd ses forces, s'annihile ; sans précautions la fleur achève misérablement sa stérile existence. Que la Pensée reflète un souffle de vie, qu'elle prenne les contours d'une corolle pourprée, elle ne conserve sa puissance qu'à force d'attention, de généreux efforts. Maints auteurs ont guidé l'imagination ; j'essaierai le premier de diriger la culture ; afin d'inculquer mes préceptes, je les diviserai en deux grandes sections.

§ I. — Culture en pleine terre.

Du sol.

Un terrain léger suit les fluctuations de la température : par un beau ciel ses grains torréfiés se pulvérisent ; par la pluie ils s'imbibent d'une humidité passagère. Le Grandiflora aime la fraîcheur, il réclame dans ce terreau de nombreux arrosements qui lui enlèvent ses parties nutritives. Une terre franche absorbe davantage , se condense à la surface en couche impénétrable, on l'humecte moins ; le pied ne se mine pas entre deux extrêmes : sa beauté exige donc un sol gras , compacte, fécondé d'un dessous de couches maraîchères , auquel les tempêtes ont successivement transmis le suc des engrais.

L'espèce est très vorace ; on la change de place tous les ans , on fume la dernière occupée , on aide à son repos.

De l'exposition.

Sœur cadette de l'humble Violette , la Pensée aime une demi-ombre, le grand air ; les lieux empéchent-ils de consulter son goût, on l'abrite sous une toile mouillée. Ainsi la jeune fille, au sortir de l'église, oppose une fraîche tenture aux baisers d'un soleil jaloux.

De la plantation.

Du 15 au 20 mai on remplit du mélange convenable la plate-bande choisie; on le remue, on l'ameublit bien, on lui confie les plants, alignés en quinconce à 162 millimètres de distance; on marie les couleurs, on les fait mutuellement valoir, on arrose le pourtour du corps, afin d'entasser la terre contre les racines.

De l'arrosement.

On rafraîchit soir et matin le genre Viola, mais plus ou moins copieusement selon l'atmosphère, selon l'individu. Tout liquide est convenable; je mets toutefois en premier lieu la pluie, tombée des gouttières dans de vastes tonneaux dissimulés à l'intérieur des orangeries, l'eau de rivière, à son défaut celle de puits, de fontaine, tirée vingt-quatre heures à l'avance; précaution indispensable, car autrement sa crudité saisit le chevelu et le tue.

L'arrosoir à pomme enveloppe le pédoncule dans sa gerbe humide, fond les teintes, les déshonore; on se sert exclusivement d'un petit vase au tuyau aminci, que l'on promène autour de chaque sujet.

Des soins ultérieurs.

La plante émet bientôt d'innombrables pousses dont on pince le sommet pour contraindre la sève à refluer; bientôt elle se diapre de boutons, de fleurs, de graines renouvelées sans cesse. A la longue cependant sa fécondité tarit; voici venir juillet, elle doit se reposer. On supprime le vieux bois, on épargne les faibles branches qu'il étouffe; on répand en égale quantité un terreau, une terre de jardin, formant au dessus une couche mêlée, épaisse de 80 millimètres; on la tient très sèche, on ne s'en occupe plus; au 10 septembre on dégage le pivot, et le pivot fortifié donne jusqu'aux froids une floraison splendide.

De l'hivernage.

Le Grandiflora se rit des sévices du temps; une succession de gel et de dégel le compromet. Mars, chez nous, amène presque toujours cette alternative, et presque toujours aussi cette alternative détruit nos collections ; l'horticulteur soigneux protége, novembre finissant, ses élèves d'élite sous un paillis serré, ou mieux, dans une bâche préalablement garnie d'une terre meuble de jardin, mariée à un tiers de terreau consommé. S'il survient une pluie douce, un brouillard très dense, il retire les panneaux ; si la bise mugit à l'angle des édifices, il les charge de paillassons.

Quelques jardiniers privent en février seulement leurs châssis du grand air. Les deux méthodes sont bonnes, jugées par la vigueur du sujet ; la première toutefois accélère la fleur. En avril on acclimate insensiblement les Pensées, on les transplante en mai.

§ II. — Culture en pot.

Dispositions générales.

Une nourriture abondante est indispensable au Viola ; lorsqu'on le cultive en pot, le chevelu, émis en tous sens, heurte les parois, se replie, s'entrelace, ruine le mélange ; l'arrosement le submerge, la chaleur le dessèche, il souffre de ces impressions momentanées, et, par suite de la concordance qui lie les parties d'un tout, le sujet languit. Lors du rempotage il s'exhale d'ailleurs de la motte une odeur alcalisée, résultat de la décomposition de l'eau; cette odeur attaque les nerfs des personnes les moins nerveuses, elle doit nécessairement agir sur les fibres délicates de la plante. Je n'admets pas cette culture; néanmoins, si la nécessité y contraint, on se servira de pots larges, bien percés, pleins d'une bonne terre normale, mélangée d'un sixième de sable, d'un sixième de terreau, et arrosée avec discernement; on renouvellera le terrain; on le garantira des moindres rayons solaires.

Encore une fois je suis l'antagoniste de ces prisons ambulantes dans lesquelles on colporte la Pensée; je les regarde comme la cause de sa dégénérescence; je prie, je supplie l'amateur d'en faire usage à la dernière extrémité.

CHAPITRE VI.

Etiquettes convenables à la Pensée.

L'étiquette, dans un ordre infiniment restreint, est à la fleur ce que l'acte de naissance est à l'homme : celle-ci détermine la parenté, règle les rapports existants entre ses membres ; celle-là groupe les espèces, marque leurs qualités spéciales. Abolissez l'état civil, le monde est un chaos, les anneaux de la famille sont à jamais dispersés ; perdez l'étiquette, les individus se perdent, l'arbitraire commence. Pour prévenir ce désordre, le Code entoure de soins minutieux les trois grandes phases de la vie : il transcrit sur un double registre les noms du nouveau-né ; il commet à leur garde des magistrats, sévèrement punis si, par leur faute, par leur négligence, les actes sont altérés. Une telle sollicitude appliquée à l'horticulture faciliterait le commerce ; elle serait néanmoins trop rigoureuse ; je la réduis à ses justes limites.

Toutes les marques conviennent au pot, quelques

unes seulement à la terre. Fixées au vase, on les voit toujours ; sur le sol, le terreau, la tige, les recèlent. Un mode précis, économique est alors d'urgence. Mais quel est ce mode ? Le plomb..... Comment l'assujettir ? Le bois nuancé de jaune, de blanc,.... il se pourrit, il boit l'encre, il contraste disgracieusement ; sur zinc le mordant s'efface ; le verre se casse ; le parchemin se déchire ; l'ardoise seule remplit les conditions voulues.

On transforme les tuiles brisées en languettes hautes de 12 centimètres, larges à leur sommet de 4 centimètres, de 5 millimètres à leur base. A l'aide d'un poinçon, d'un clou même, on grave sur l'extrémité supérieure et parallèlement à elle le titre ou le numéro ; à cinquante millimètres, en face du pied, on enfonce la pointe jusqu'aux lettres.

On confectionne ces étiquettes au moyen d'un fort couteau, d'une barre de fer amincie, soutenue à ses extrémités par un bâton noueux ; la matière ne coûte rien, la simple écriture incruste en traits inaltérables le nom, le chiffre. Ces marques par conséquent sont économiques, sont faciles à tailler ; profondément implantées, paralysant l'action et de l'air et de l'eau, elles sont certaines ; leur coloris terne ne tranche pas sur la tige ; elles sont gracieuses enfin. Économie, solidité et grâce ; que peut-on désirer encore ?

Sur la marque repose le catalogue, sur le catalogue les teintes ; lorsqu'on ne prend aucune note, le parc est formé au hasard, les couleurs se heurtent, se nuisent. L'art, je le répète, embellit la nature ; souvent la symétrie fait décerner la palme à tel groupe moins riche que tel autre. L'étiquette est donc indispensable, même pour l'horticulteur indifférent aux noms.

Que la marque porte le titre, porte le numéro, la chose est insignifiante. Le marchand trace les lettres parce qu'elles le dispensent du catalogue ; l'amateur aime l'énigme du chiffre ; peu importe, du reste, le chemin, quand on arrive au but.

CHAPITRE VII.

Multiplication de la Pensée.

Comme le noble enfant dans sa douce chimère consume ses forces à son printemps, la fécondité du Viola l'épuise bientôt; à trois ans le pivot s'incline sous le poids d'une tête caduque; on se hâte de le régénérer, mais de ce vieillard naît un avorton. Dès la première année, le jardinier prévoyant multipliera donc la plante précieuse. Quatre systèmes sont prônés; s'il hésite dans son choix, qu'il médite ces lignes.

§ I. — De la division.

On humecte fortement la touffe afin de réunir la terre à son pied; on démarque plusieurs parties distinctes en écartant les pousses sans les contrarier; on les divise, on les lève attentif; les mauvais rameaux abattus, on les transplante dans un sol homogène. On suit à l'égard des enfants les prescriptions relatives à la mère.

Une belle collection tapisse la plate-bande; la division nuit à l'ensemble, dégrade la culture.

§ II. — De l'œilletonnage.

Vers la fin de mai on coupe un œil bien prononcé, on le cache, vu sa tendance à pourrir, sous quelques millimètres de sable blanc, sous une cloche de verre; on l'ombrage dix à quinze jours, on ne l'arrose pas.

Quoi qu'en dise M. Ragonot, la bouture est supérieure à l'œilletonnage, mode vétilleux; et pourquoi cette minutie, quand la bouture reproduit si facilement, si parfaitement la Pensée?

§ III. — De la marcotte.

Voilà certes la méthode la plus inconséquente. Dans la pratique, on incline un nœud retenu en terre par un crochet; le pédoncule usé porte ce nœud; on attend donc merveille d'un corps supprimé d'ordinaire comme infructueux; il ne peut nourrir la fleur, et on lui demande un rejeton! On veut, chose incroyable, que l'octogénaire décrépit communique la fougue,..... le moribond..... la vie! J'en demande pardon aux partisans de ce mode ; mais ce mode est stupide ! Issu d'un tel père, le sujet sera de rebut.

§ IV. — De la bouture.

Chaque écrivain contestant l'époque convenable, les avis de juin à septembre se comptent par jours ; cependant, plus la tige est vieille, plus elle est dure, plus elle a de mal à s'enraciner ; la base d'ailleurs jette au printemps ses nombreuses ramifications pourvues soit de chevelu, soit d'un gros bourrelet qui l'émet incontinent ; j'opine, moi, pour le 20 mai.

On adopte au nord, ou du moins dans les contrées y tirant par une inclinaison de 6 à 15 degrés, un terrain, mélange égal de terre ordinaire et de prairie ; on le fatigue, on l'ameublit. Par une pluie douce, un ciel brumeux, on dégage avec précaution la bouture, on ouvre le sol à sa souche. La main gauche retient la cime, tend légèrement le support, sur lequel l'index droit glisse, disparaît, s'arrête au moindre obstacle, s'avance plus scrupuleux, brise le faible lien qui confond ces deux existences. On arrange symétriquement les nouvelles pousses, on les enfonce jusqu'au vert, jusqu'au point, en d'autres termes, trouvé jadis à la surface ; on les presse au collet, on les étiquette, on les surveille, on comprime la végétation en pinçant la tête hâtive. Abandonnée à elle-même la Pensée serait chétive ; une floraison prématurée la minerait.

De juillet à septembre le Viola se repose ; les boutures ne valent rien. Un cas pressant ordonne-t-il une prompte multiplication ? On rompt au 10 octobre les branches extrêmes au dessous d'un nœud, on les place sur couches froides ; on les abrite, vu leur nature succulente, leur évaporation prodigieuse, sous une cloche à facettes, composée de petits vitraux que le plomb assemble ; cette mosaïque concentre moins les rayons solaires, elle est préférable.

Dans les fortes chaleurs, on ceint le plan d'un linge humide, on ne l'humecte point : car, s'il faut en été multiplier les arrosements, l'humidité, le froid, sont préjudiciables à l'entrée de l'hiver. Trois semaines plus tard les brins ont des racines, on ne les déplante toutefois qu'au moment d'hiverner ; au retour de la belle saison ils remplacent leurs mères.

CHAPITRE VIII.

Récolte de la graine.

Quand l'homme soucieux envisage sa destinée, il recule devant un amas horrible de chair et de corruption….; il se reconnaît à peine….. lui, roi de l'univers; lui, intelligence vivifiée au souffle du Créateur; lui, cadavre infect, vile pâture d'un reptile immonde!… Et pour marquer au moins son passage, il sillonne la terre de monuments fastueux. Notre course ici-bas est l'éclair rapide, est l'ombre que projette un nuage léger; nous naissons, nous mourons comme la feuille de l'arbre; comme elle la brise nous disperse, nous emporte, hélas! on ne sait où!….. Pourquoi donc cet amour de gloire, puisque la mort engloutit tout!…. tout!…. Oh! mon Dieu!…. l'âme qui a bu le calice des douleurs, sur laquelle le monde a versé les poisons de sa haine; l'esprit que brûle une indicible flamme, se consolent dans l'espérance d'une autre vie, et cet espoir serait vain!….. Seigneur, vous avez mis ce baume en nous; vous ne pouvez vous jouer de notre misère ! J'en crois ce transport, l'intelligence est immortelle !.... Le gaz entraîné malgré lui sous des couches plus denses tend toujours à s'élever ; l'esprit, par une semblable loi, ambitionne l'auréole : c'est la bulle qui s'échappe, c'est l'essence divine qui cherche son niveau.

Pour satisfaire à ce principe immuable, l'un stéréotype son nom sur l'airain, sur le marbre ; l'autre en scelle de sublimes écrits ; ne pouvant plus, le jardinier l'attache à la fleur. Le gain acquiert dès lors un prix inconnu ; la graine se vend au poids de l'or, car cette graine renferme peut-être la richesse et l'immortalité : malheureusement l'horticulteur ne sait ni la recueillir, ni la semer ; il la perd souvent. A défaut de règles certaines, je lui offre mon expérience.

On récolte les corolles irréprochables de conformation, larges, d'un coloris bizarre, pur, ne fondant pas, et encore les premières écloses seulement. Le motif est palpable : le pied dans sa force donne une semence mieux nourrie qui enfante des variétés plus splendides. On la ramasse en tout temps : la meilleure provient des fleurs précoces ; peu après elle est bonne, moins bonne pourtant, et ainsi de suite ; les dernières sont livrées au commerce. Le mode de récolter varie à l'infini.

1° On introduit la capsule dans de petites bouteilles savamment inclinées, inaccessibles à la pluie. La gousse ouverte, on tranche le pédoncule, on étiquette le verre, on le bouche, on le maintient en lieu sec et sûr.

2° D'une boîte quelconque on détache le fond supérieur : une vitre retenue par des bandes de parchemin fortement collées le remplace ; on incise le flanc de manière à y passer la tige ; on la fixe à un tuteur ; on s'efforce d'épargner la plante, de tourner l'ouverture en bas ou de côté. La graine mûre, on préserve le coffre de l'humidité.

3° Ce moyen est plus dispendieux : il émane d'un amateur parfumé. On flanque les sujets de porcelaines qui reçoivent bouche béante les grains tombés des capsules ; on les fait sécher, on les garantit des atteintes de l'hiver.

4° Le péricarpe est rempli d'air, dont le volume augmente en raison de sa maturité ; trop condensé, il brise enfin son cachot, éparpille la graine. Donnez-lui une issue, la gousse asséchée se resserre ; la fiole, la boîte, la soucoupe, deviennent inutiles. Cette observation m'a conduit à ce système :

Je suis attentivement la valve ; lorsqu'elle se teinte de jaune, je pince son extrémité, et comprends l'émission de l'azote à l'affaissement soudain des folioles; je les coupe à mesure de leur maturité, j'isole les espèces dans ces bouteilles de pharmacien vulgairement appelées de 64 grammes; je les soumets à la serre chaude ou au plein midi.

Venu d'un autre, je conseillerais ce mode à la fois simple et précis; nul ne doit être juge et partie dans sa propre cause, je m'abstiens. Du reste, les fioles, les boîtes, sont propices, surtout lorsqu'on calfeutre le trou d'une mousse sèche, doucement pressée autour du pivot. Les soucoupes amoncellent l'eau, mêlent et noient la semence; elles sont mauvaises. L'auteur l'a compris, car il délaisse son invention; en tous cas on ne la volera pas.

CHAPITRE IX.

Semis.

Quelle que soit la sphère où il gravite, chacun désire atteindre son sommet : louable désir, sans lequel je ne puis concevoir l'existence. Qu'est-ce que la vie, si on retranche l'ambition?... une série d'actes vils, un longengourdissement! Qu'est-ce que l'âme?... une esclave rivée à sa chaîne! Qu'est-ce que l'homme?... un automate mû par un mécanisme varié, mais dont les mêmes ressorts amènent les mêmes mouvements! La voix stimule le coursier impétueux; l'imagination grandit sous d'ambitieux élans, aiguillon qui seul enfante ces chefs-d'œuvre, l'honneur de notre siècle.

Ainsi l'amateur veut une incomparable culture, il mande de divers points les renommées du jour, il espère une douce popularité; il se repose et le génie s'avance, et quelques années plus tard dix fleurs à peine de sa collection jouissent d'un reste de crédit. Il faut recommencer à grands frais; soit raison, soit parcimonie, il néglige le Viola. Ce mal m'a vivement préoccupé ; à l'inconstance j'oppose l'inconstance.

On assemble les plus riches Pensées connues, on leur prodigue des soins entendus ; on sème leur graine long-temps reposée. Le jardin scindé suivant sa disposition en deux cantons distincts, on pare le mieux exposé de ses anciennes richesses ; on voile l'autre d'un feuillage épais, on lui confie les semis, on les visite souvent ; on arrache de suite les médiocres, qui, rongeant la terre sans profit, nuisent au développement des tiges voisines.

Nées d'une semence choisie, entourées dès leur jeunesse d'une tendre sollicitude, les jeunes pousses donneront nécessairement de beaux résultats, mesquins ou prodigieux, suivant qu'on les compare aux innombrables semailles, aux gains de nos horticulteurs. Les nouveautés commerciales on les possède donc plus nombreuses et plus belles, ou, si le hasard, inconséquent de sa nature, jette un ton inconnu dans une pauvre cabane, on se le procure par échange. Le semis promet au marchand la fortune, à l'amateur la gloire, à l'horticulteur la magnificence. Fortune ! une nuance rare n'a aucun prix, et tous de la briguer. Gloire ! on compose de ses enfants un ensemble unique. Magnificence ! l'horticulture ressemble au diamant : le travail fait sa valeur. Ce chapitre joue un grand rôle, je le regarde comme le plus important, je le traite avec minutie.

§ I. — Généralités.

Du baquet.

Une terrine large de 33, haute de 11 centimètres, non compris les rebords, est convenable ; l'extrémité d'une barrique de savon gras, sciée à 108 millimètres du fond, est préférable. Très poreuse, celle-ci, en effet, communique au chevelu le corps onctueux des parois, l'humidité de l'air ; une corde nouée sur les flancs facilite son transport ; elle accélère la végétation, et ne casse pas.

De la terre.

Un sol de pure bruyère se cristallise au moindre soleil ; l'eau filtre à travers les fissures, humecte toujours les mêmes places, et de la graine une partie est noyée, l'autre torréfiée. On neutralise la tendance des molécules à se rapprocher par l'adjonction d'un terreau équivalent.

5

De la graine.

La semence aura été recueillie, conservée comme il a été dit au précédent chapitre ; les grains les plus gros sont les meilleurs.

Du mode de semer.

On charge le fond de 94 millimètres de terre, affaissée en précipitant vers le sol le baquet par deux fois soulevé. On verse la graine dans la main gauche, où le pouce et l'index droits la puisent pour l'isoler adroitement ; on la recouvre de 10 millimètres de ce même mélange, uni et pressé doucement ; une pluie fine, tombée d'une seringue à camellias, les pénètre.

§ II. — Spécialités.

Des semis d'août.

Semées au milieu d'août, les terrines attendent à l'ombre la fin de septembre ; on les rafraîchit peu, mais souvent, car alors, surtout dans les jardins dominés par de hautes murailles, les chaleurs sont parfois accablantes ; on les soumet à un demi-soleil au commencement, en plein midi à la fin d'octobre; s'il gèle, on les rentre dans un endroit aéré et naturellement chaud. Mars venant, on façonne, sans souci de l'atmosphère, une couche du fumier qui protége les pompes, les caves ou les châssis, c'est-à-dire de fumier froid; on la surcharge de 17 centimètres de vieux terreau; on la perce en quinconce de petits trous à 5 centimètres l'un de l'autre; on rend insensiblement les semis au grand air. Vers le 20, une spatule les transporte en motte du baquet à l'enfoncement; on comble le vide, on promène dessus une pomme très fine, tenue de très haut, on les recouvre de paillassons superposés sur de longues perches, soutenues elles-mêmes aux extrémités et à 16 centimètres de la pépinière par de forts piquets; on ôte ces abris par un ciel serein ou vaporeux. Du 10 au 15 mai, on assigne aux nouveaux-nés une plate-bande bien amendée, bien meuble, et de préférence au nord.

Des semis de mars.

L'orangerie préserve les baquets des derniers froids, des derniers hâles; sortez-les néanmoins si la température s'adoucit, si un nuage se fond en poussière sur les champs altérés ; mais prévoyez l'inconstance de la saison. Sous les Gémeaux, placez ces pousses dans un juste milieu de soleil et d'ombre ; transplantez-les en motte, lorsqu'elles auront six feuilles, sur un parc ombragé, dessinant des quinconces de 10 centimètres. A la floraison, marquez les tiges rares, supprimez les mauvaises, dont le pollen infecterait l'élu. Si des variétés naissent pareilles à celles déjà existantes, conservez les nouvelles, qui, plus jeunes, plus robustes, fournissent une plus longue carrière.

Des semis sur place.

La graine non récoltée tombe au gré du vent et pourtant se développe ; le jardinier, suivant la nature, pourrait donc semer dans une terre quelconque, sans se préoccuper davantage d'un sujet trop souvent ingrat. Ce mode employé dans les grandes cultures a toutefois ses inconvénients, et je lui préfère le semis de mars, intermédiaire entre l'extrême prévenance et l'abandon extraordinaire de ses rivaux.

§ III. — Observations.

1. Le dernier fil qui rattache la semence à la terre à peine rompu, certains jardiniers le renouent aussi-

tôt; ils hâtent la jouissance aux dépens de l'individu. Le grain, dans l'impossibilité de fortifier son germe par un repos momentané, n'est jamais remarquable. Qu'il me soit permis d'appuyer mes paroles par des faits.

J'ai obtenu en 1841 une Pensée dont les stries roussâtres, vigoureusement tranchées, rappellent une tête juive. En 1842, je fis quatre paquets de ses valves: l'un, immédiatement semé, réfléchit l'image décolorée de sa mère; à sept, à quinze mois de là, les deuxième et troisième ajoutèrent aux perfections maternelles; du dernier enfin sortit, après deux ans de repos, une teinte insolite, qu'on attribue à un caprice de peintre. Je suis donc fondé à soutenir qu'il faut aux graines rondes un intervalle dont la durée détermine la beauté du produit.

2. Juger un enfant par ses premiers actes, une plante par ses premières corolles, est le comble de l'absurde. La sève emportée l'abandonne dans sa jeunesse à des impressions étrangères; il devient un quand l'âge lui apporte la conscience de ses propres forces. Nonobstant les prédictions du pied, l'horticulteur dès lors attendra pour se décider.

3. Les couches sont ou trop chaudes ou trop vieilles: trop chaudes, elles étiolent la Pensée; trop

vieilles, elles contiennent un excès de fraîcheur qui la corrompt; une nécessité absolue justifie seule leur emploi.

4. Si le climat contraire a marqué sur la plate-bande sa funeste influence, si la symétrie du parc est détruite, on porte aux places nues les nouveaux gains.

5. Le Viola rothomagensis, ou bleu de bordure, renaît identique dans ses enfants; les autres espèces se modifient plus ou moins, mais toujours dans des nuances plus claires. Du reste, l'apparence générale d'une fleur trahit ses père et mère, et, remontant la dégradation des teintes, on arrive facilement à sa source.

En résumé, le semis est l'inépuisable mine qui subvient à nos fantaisies; mine pénible à exploiter, dont le principal agent est... la patience.

CHAPITRE X.

Exposition de la Pensée.

Gradin de Ponsort.

Si vous avez rencontré une femme affublée d'étoffes et de pierres précieuses, puis en même temps une jeune fille d'une élégante simplicité ; si vous vous êtes senti entraîné vers cette dernière de toute la répulsion suscitée en vous par sa compagne, vous comprendrez de quel prix doit être pour nous un gradin coquet. On expose maintenant la Pensée, soit sur d'inégales fioles, ordonnances usées de la médecine, soit sur des planches traversées en quinconce et légèrement inclinées ; mais la fleur disparaît au milieu du verre, ou se fane sur le bois ; l'un et l'autre d'ailleurs sacrifient l'illusion.

A un pivot long de 58 (1), large de 5 centimè-

(1) Les mesures sont pleines, c'est-à-dire déduction faite du bois qui se croise pour réunir les diverses parties. On pourra consulter d'ailleurs la planche finale.

tres, et présentant sur toute sa hauteur une demi-circonférence, j'adapte, à 40 millimètres de sa base, à des distances égales autour du côté rond, et de manière à effleurer horizontalement les deux points opposés de la surface plane, quatre tringles, larges de 5, longues de 22 centimètres en haut, de 23 en bas (l'extrémité fuyante se prolonge en bec de flûte); quatre montants plats, hauts de 58, larges de 6 centimètres, et taillés à angles droits, se divisent en dix degrés, larges de 6 centimètres à la pointe saillante, de 3 seulement à son pied, partent à 35 millimètres de la tête perpendiculairement aux tringles inférieures, distancées de 31 centimètres, et, s'enchâssant à leur bout, les rattachent une seconde fois au pivot. Ces quatre supports reposent sur une plane cintrée qui se partage en trois morceaux, réunis sur les degrés, et donne un demi-cercle, saillant de 3 centimètres, pour former le premier étage. Sur chaque échelon des bandes, larges de 3, épaisses d'un centimètre, sont pareillement disposées, mais d'autant moins longues que le gradin fuit davantage, je veux dire qu'elles se rapprochent davantage du sommet, couronné d'une planche ronde, dépassant un peu ses contours. Un fil d'archal, gros de 3 millimètres, long de 30, ouvert à la tête, est implanté à 4

centimètres l'un de l'autre dans l'épaisseur des trin-
gles, à partir de la seconde. Un imperceptible laiton
passé dans les fentes unit les piquets. Au faîte du
pivot se dresse une tige de 6 millimètres, haute de
60, terminée par deux bras raccourcis, soutiens du
roi sur ce trône élevé. 160 bouteilles de verre blanc
et de premier choix, hautes de 46, larges de 27, non
compris le cou, de 18 sur 14 millimètres, sont pas-
sées entre les branches de fer et maintenues par le
rebord supérieur, avançant de 3 millimètres. On
remplit les fioles d'eau salée, on y dépose les pédon-
cules ainsi rangés : au sommet du gradin le prince du
parc, les plus belles fleurs sur la ligne du milieu,
puis à côté les rivales, puis les rivales, en déclinant
toujours vers le diamètre, qui, moins en vue, se
contente de sujets moins remarquables.

On ne peut rien imaginer de plus mignon ; les
plantes, heureusement combinées sur cet hémicycle,
centuplent de valeur, car les corolles ne laissent en-
trevoir que le centre des bouteilles sur lequel elles
ressortent vigoureusement. À la dernière exposition
je l'avais prêté à un ami : il fut monté chez lui et por-
té par son domestique ; malgré la distance, la symé-
trie n'avait point souffert, circonstance facile à saisir,
puisque chaque verre est retenu en haut par le lai-

ton, en bas par l'orifice des fioles inférieures. La société a bien voulu l'approuver, et, dans l'espérance d'être agréable aux amateurs, je me suis hâté de le publier.

CHAPITRE XI.

Fléaux de la Pensée.

Je ne suis pas de ceux qui s'imaginent la plante insensible : car la plante vit, et la vie atteste la sensibilité. La sève s'élance à la cime, puis, refluant sur elle-même, de branche en branche, ranime l'arbre entier. Si cette humeur ne l'impressionnait pas, rien ne révélerait sa présence. Toute impression témoigne une sensibilité, l'arbre par conséquent est sensible. Or cette disposition tend les fibres, et semblables à la harpe, les fait vibrer, selon l'impulsion, en joyeux, en mélancoliques échos. La Pensée passe donc, comme nous, dans une alternative de bien-être et de souffrances proportionnées à sa faiblesse et néanmoins toujours égales aux nôtres.

§ I. — Maladies.

Du blanc.

Un terrain léger, variant avec la température, réclame en été de copieux arrosements. Cette eau continuelle lave la terre, et le Viola, affamé, se consume bientôt sous les atteintes du blanc, son unique maladie. A la première apparence du mal on lève le pied, on creuse la place, on la remplit d'un dessous de couches maraîchères ; on soumet le malade à son action propice, et le malade, réchauffé, se rétablit parfois.

Les mêmes causes devant avoir les mêmes effets, si tous les sujets du parc jaunissent, se fanent, on change la plate-bande.

Le blanc provient encore du défaut d'air, d'une exposition trop chaude. Plus le climat est brûlant, le sol léger, plus il sévit. On modifie alors le grain par un terreau rapporté ; on paralyse les rayons solaires par une toile imbibée.

§ II. — Animaux nuisibles.

De la limace.

Il est de ces animaux dont l'existence, toute de rapine, présente une difficulté invincible à qui veut leur assigner un rôle dans la création. Le passereau protège l'agriculture (1) ; mais le moucheron, mais le limas !... sont-ils destinés à servir de pâture aux bêtes voraces?... Dieu, pour les nourrir, aurait-il animé la matière ; aurait-il détruit son ouvrage par son ouvrage? Une idée plus sublime a dû présider à la naissance du monde, et qui pourrait soutenir que les générations, insensiblement corrompues, n'ont pas dévié de leur ligne, que le Seigneur irrité ne les a pas abandonnées à leurs propres fureurs? L'homme avait été créé immortel ; un instant d'oubli bouleversa sa destinée ; fallait-il un plus grand effort pour rompre les digues qui contenaient les genres?...

Quoi qu'il en soit, la limace vit au préjudice du Viola ; elle est difficile à trouver, difficile surtout à prévenir. On ceint ordinairement le pivot d'un dou-

(1) Un moineau mange un demi-boisseau de blé par année ; il y a en France 10 millions de moineaux qui absorbent 625,000 hectolitres de froment, lesquels, à 15 fr. l'un, font une valeur de près de 9 millions 375 fr. : ainsi chaque moineau coûte par an 95 centimes ; pourtant il est utile, car il détruit 3,300 insectes granivores. Aux incrédules je nommerai le Palatinat, où le moineau fut mis à prix d'abord pour l'exclure ; puis, les bruges viciant toutes les récoltes, pour le propager. Le moineau n'est donc pas l'ennemi, mais le serviteur, un peu dispendieux, de l'agriculture.

ble cercle de chaux pulvérisée, poudre qui brûle les feuilles et disparaît à l'heure du danger : on pose encore çà et là des écailles d'huîtres, recélant dans leur cavité un fragment de salade ou de chaux, on les visite au point du jour, on plonge leurs hôtes dans un liquide brûlant. Ces deux palliatifs, les seuls connus, sont mauvais ; explorer le parc par une pluie douce, par une forte rosée, est le plus certain.

Du chat.

Mon Dieu, oui ! le chat compromet la fleur, mais bien innocemment, je vous jure ; il trouve dans la terre meuble une surface docile, il immole la Pensée à son amour de propreté. Jamais circonstance atténuante ne fut assurément mieux méritée ; je m'inscris toutefois contre la race féline, car le mal existe, et à tout prix il le faut prévenir. On hérisse les couches, les baquets, on entoure le parc d'épines aiguës consolidées par des piquets fourchus.

Un de mes amis avait été plus loin. Les chats du quartier, glissant le long des gouttières, se livraient dans son jardin à de nocturnes ébats. De guerre lasse, il fait empailler un monstrueux renard, l'embusque savamment sous un rosier touffu ; la gent s'effraie,

s'étonne de son immobilité, le brave. Un dogue lui
succède, et le dogue immobile est dédaigné bientôt ;
cette fois c'est un griffon, un véritable griffon enfer-
mé dans un tonneau, muni d'un fort grillage vers la
bonde ; la vue de l'hypocrite animal excite sa colère,
il s'indigne, il force sa prison, il roule, fuit et re-
vient sur l'audacieux visiteur. Au matin son activité
est incontestable ; les pousses brisées jonchent la
terre, le jardin offre en petit l'image du chaos : pau-
vre, pauvre ami !

CHAPITRE XII.

Classification de la Pensée.

§ I. — Classification ancienne.

Les Pensées, sauf quelques modifications, semblent au premier abord identiques; il n'en est rien: chaque fleur a son cachet particulier, et ce cachet, se rapportant plus ou moins à tel autre, permet de les diviser en catégories multiples qu'on doit limiter aux douze suivantes :

1. Le Viola tricolor.
2.   —   grandiflora.
3.   —   amœna.
4.   —   lutea.
5.   —   altaïca.
6.   —   rothomagensis.
7.   —   palmata.
8.   —   pedata.

9. Le Viola montana.
10. — lactea.
11. — canadensis.
12. — bicolor.

Tige angulée et glabre, feuilles allongées, incisées, fleurs odorantes, d'un jaune vif, d'un violet foncé, tels sont ou à peu près les caractères du Viola tricolor, d'où sont sorties[*], pour certains auteurs, toutes les variétés connues.

Le pédoncule du Grandiflora est triangulaire, le feuillage oblong, les pétales supérieurs d'un violet foncé; les inférieurs jaunes légèrement maculés, mais tous très grands et peu odorants. Les sujets pourpre noir et les jaunes en émanent.

De l'Amœna descendent les larges corolles, pourpres au sommet, bleuâtres à la base.

Le Lutea, que Smith importa d'Angleterre, étale une fleur jaune rayée noir sur un pivot triangulaire, garni de fanes ovales, oblongues, crénelées. On désigne encore sous le même nom une Pensée des Alpes au rameau biflore, à la verdure réniforme, dentée, au calice jaune de petite dimension. Les produits de l'un et de l'autre reflètent presque toujours les couleurs maternelles.

On retrouve dans l'Altaïca les points génériques

du Grandiflora, dont il diffère par ses pétales blancs, par ses hybrides jaunâtres, ondulées sur le bord.

Le Rothomagensis se reconnaît aisément à ses branches velues et diffuses, à ses feuilles pétiolées, ovales, cordiformes et crénelées, à ses faibles valves d'un bleu tendre que les semis n'altèrent pas. Dans certains pays ce groupe se nomme Hispida.

Originaire de la Virginie, le Palmata s'élève peu. C'est une plante pubescente, d'un feuillage palmé, à cinq lobes dentés; des folioles violettes la couronnent.

Comme le précédent, le Pedata tire son origine de la Virginie, et comme lui aussi il cache ses corolles. Ils pourraient se confondre si ses fleurs pédiaires de trois nuances et à sept parties, si ses divisions linéaires et lancéolées, n'en faisaient une espèce tout à fait distincte.

Le Montana ou Pinnata domine le parc. Né dans les Alpes, il a besoin du grand air; il balance sa tête bleue, axillaire et pédonculée, sur un support droit, glabre, haut de 217 à 260 millimètres, garni de feuilles à stipules, ovales, pointues, crénelées.

Enfant de l'Angleterre, le Lactea présente orgueilleusement sa tige droite, cylindrique, munie de fanes ovales, lancéolées, à stipules incisées, que termine une corolle blanche, délicatement ombrée de bleu.

La fleur du Canadensis est bleue, ses rameaux droits, sa verdure cordiforme, acuminée, dentée, à stipules entières. Le Canada lui a donné le jour. Le Bicolor revêt deux couleurs : le blanc et le jaune d'ordinaire ; ses semis se maculent de pourpre.

§ II. — Classification de Pensort.

L'ancienne classification, la seule admise, est complétement négligée : sur dix horticulteurs pas un peut-être ne saurait assigner un rang certain à une plante quelconque, car la plupart ignorent les caractères d'un feuillage cordiforme ou acuminée, d'une touffe pubescente, d'une tige glabre, d'une couronne pédiaire. Je crois donc urgent de rajeunir, au moins pour les transactions quotidiennes, un ordre depuis long-temps tombé en désuétude : je propose de scinder, d'après les teintes dominantes, toutes les Pensées connues en quatre groupes principaux.

Dans le premier seraient comprises les unicolores, c'est-à-dire les pétales d'une seule nuance, qui rachètent ce vice par une teinte bizarre, par un ensemble large, parfaitement imbriqué.

Les sujets de la deuxième, de la troisième série, offriraient deux ou trois couleurs bien tranchées et s'appelleraient bi ou tricolores.

Viendraient enfin dans la quatrième section les folioles aux tons chatoyans et métalliques, dont le nombre se joue sous les rayons d'un soleil d'été; ce seraient les plus belles, désignées par le nom expressif de Multicolores.

Pour éviter l'arbitraire, on ne ferait attention ni aux faibles ombres qui parfois obscurcissent les contours du fond, ni aux reflets, veines ou stries, qui constituent la vivacité du coloris; on dédaignerait même le centre, la macule, n'admettant qu'une seule exception en faveur de la tache centrale, vive, large et nette sur un tout uniforme.

La classification guide la culture; plus elle est simple, précise, plus elle s'incruste dans la mémoire, plus elle convient par conséquent. A ces divers titres je recommande cet ordre; il n'y a pas en effet de fleurs qu'il ne comprenne, pas de jardiniers qui ne puissent aisément l'appliquer.

CHAPITRE XIII.

Catalogue. — Expédition.

§ I. — Du catalogue.

Chaque horticulteur envoie tous les ans ses catalogues, dont les noms pompeux, les prix exorbitants, forment la seule boussole. Le titre est un jouet, le prix une chose idéale, qui ne préjugent rien, et l'amateur, choisissant au hasard, achète souvent fort cher une famille fort ordinaire.

J'ai démontré les vices de cette routine. MM. Demay et Rendalter se sont engagés à joindre désormais la forme, la nuance ; c'est beaucoup : ce n'est point assez. J'offre de diviser le catalogue en quatre parties, correspondant à mes subdivisions, indiquant par le nom l'ensemble de la plante, par des signes particuliers les tons des corolles, et les soins nécessaires à leur développement; pour sanction de cette loi je supplie d'attacher à ces feuilles annuelles les effets d'un contrat synallagmatique, de différer le

paiement jusqu'à ce que la floraison ait ratifié les pro-
messes du titre.

§ II. — De l'expédition.

Mes efforts seraient encore impuissants si, véri-
dique malgré lui dans son catalogue, le jardinier
compromettait impunément ses envois; il annoncerait
de splendides, enverrait de méchantes fleurs, et,
protégé par la mort, se livrerait sans crainte à son
trafic honteux. Je conseille d'ouvrir la caisse en pré-
sence du préposé aux messageries, de refuser les in-
dividus équivoques; mais aussi, dans le cas où un
marchand probe pècherait par ignorance, je livre cette
égide à son intérêt.

Déplanter attentif les pousses voyageuses, entou-
rer les mottes de terre glaise recouverte, afin d'en-
tretenir la fraîcheur, de mousse nouvelle disposée
avec art et retenue par un fil replié en tous sens;
marier la tige à un tuteur flexible; choisir un panier
rond proportionné au nombre des pieds, les presser
dans leur position naturelle, les assujettir par une
ficelle croisée; implanter sur le pourtour des baguet-
te solides, les réunir à leur sommet, les ceindre

enfin d'une forte toile ; la plante ainsi emballée voyage vigoureuse des mois entiers : car l'air circule à travers les mailles tendues, et la disposition du ballot contraint les diligences à le placer debout.

La caisse est presque inaccessible à l'atmosphère ; elle surcharge, elle étouffe les Pensées ; on s'en servira peu, encore pour de faibles distances, et après avoir percé ses flancs de nombreuses ouvertures.

CHAPITRE XIV.

Description des plus belles Pensées.

En voyant ces fleuves dont les eaux roulent sous des monts entassés payer leur tribut à la France ; ces convois que l'air précipite comme un duvet léger ; cette plaque, reproduction rapide des monuments gigantesques, l'homme a dû s'habituer aux idées grandioses et ne s'étonner de rien : de là le prompt développement du charlatanisme, cette gangrène qui infecte tout. Si du moins les savants, les brochures spéciales, s'appliquaient à inculquer des notions exactes, ils deviendraient un frein puissant ; mais, en proie eux-mêmes à un inconcevable vertige, savants et feuilles versent à longs traits le mensonge et la haine. Je déroule le côté peu sensible du tableau : observez ce jardinier nous éblouir de son OEillet bleu ; puis, si on le presse, accuser, audace extrême, le soleil d'avoir mangé la teinte primitive ; parcourez ces gravures, prétendus modèles de fleurs imaginaires ; entendez la *Revue horticole* comparer, à propos de la dernière exposition, M. Pellé à MM. Cels, ces rois de l'horticulture deux fois couronnés ; lisez, relisez ce parallèle ridicule, puisqu'au dire de M. Rifkogel, les plantes de l'établissement du Maine valaient 40,000 francs et les autres dix écus. Ainsi, quand le génie, après de longues recherches, obtient un résultat inespéré, on voue sa découverte au ridicule, on prodigue le mépris à celui qui pour nous a sacrifié sa vie !

Afin de mieux saisir les dangers d'une semblable conduite, mettons un débutant à la place des célèbres frères ; il réunit à grands frais les végétaux peu connus, il les acclimate, il les expose. La commission, organe de la foule, lui décerne le prix d'honneur ; la *Revue*, gagnée, l'assimile au plus pauvre fleuriste. Supposons quelques marchands étrangers : ils ont parcouru, insouciants, maints jardins secondaires ; ils cherchent l'analyse des grands prix, ils les jugent par leur comparaison, et notre jeune homme vend peu, manque à sa parole, est perdu.

Effrayé de ces conséquenes, j'ai voulu protester. Hélas ! mes cris se perdaient dans les occupations de la foule. Horticulteur, je me suis alors exclusivement attaqué aux erreurs horticoles ; j'ai examiné nos cultures en renom, j'ai choisi dans 400,000 les plus remarquables Violas.

M. John Salter possède des Pensées d'une perfection rare; son tarif modifié, il y aurait avantage à traiter avec lui.

M. Henri Demay mérite une mention particulière par sa probité, ses gains merveilleux, ses prix modiques.

M. Rendalter personnifie l'élégance jointe à la simplicité.

M. André Chartier consacre la majeure partie de ses vastes jardins à la multiplication du Grandiflora; il obtient des teintes uniques; malheureusement les nouvelles pousses, reprenant chaque année le même emplacement, manquent parfois de largeur et de forme.

Quant à M. Ragonot, je me déclare incompétent. Je demandais des Pensées, et j'ai vu des Œillets, de belles lithographies.

Peindre une fleur n'est pas chose facile, la décrire est plus difficile encore. Le peintre, par une heureuse combinaison des couleurs, surprend de temps à autre la nature; l'écrivain s'attache aux traits caractéristiques. Cette description ne remplace donc pas, mais précise l'individu; elle ne dit rien de la forme,

parce que les élus sont tous du premier choix; rien
des dimensions, parce que les folioles varient avec la
terre, avec le lieu, et que les désigner eût été encou-
rir une réfutation continuelle.

Adelina. Sommet rose pâle, veiné violet; bordure jaune
se perdant dans le rose, qui se dégrade insen-
siblement; base jaune nuancée vers les extré-
mités d'un bleu violacé; nacelle violette.

Acm of perfection. Les corolles pourprées aux reflets
violacés se détachent sur trois pétales jaunâ-
tres fortement bordés pourpre, tiquetés jaune
à la jonction des nuances.

Agar. Le bleu changeant de la tête se fait encore
sentir sur les contours du pied; le cœur jaune
est agréablement relevé par une moucheture
marron.

Agathe Chartier. Fond jaunâtre encadré dans un
bleu tendre qui ombre légèrement les côtés;
stries violettes très accentuées.

Alba grandiflora. Corolles blanches au centre des-
quelles se ramifient quelques lignes violettes.

Amplicans. Si je remontais à la source de chaque
chose, si je tenais à trouver l'origine d'un
nom dans ce nom lui-même, je serais em-
barrassé de saisir l'analogie probable entre

l'individu et le mot ; heureusement l'écho indiscret, un soir, aux Champs-Élysées, m'a répété ce bruit, et je veux, pour confondre les étymologistes, vous le confier à mon tour.

L'hiver approchait ; le semis inconnu, jeté à la volée, fut recueilli par une dame qui pourvut à ses besoins : il lui devait la vie ; un blanc pîqueté de violet tendre, surmonté de deux ailes violettes entre lesquelles s'épanouissait une grande macule, témoigna de sa gratitude. Certain pédant lui fit visite solennelle, entendit son histoire et s'écria soudain : « Mon esprit succombe peut-être à une fantasmagorie étrange ; mais je vois dans ces teintes les phases de sa vie : le coloris sombre figure les mauvais sentiments de l'horticulteur sur lesquels votre belle âme ressort aussi majestueuse que le blanc, son emblème, sur les pétales supérieurs. Aidons la nature et stéréotypons ce fait par le surnom d'Amplicans ! »

Le malheureux confondait les verbes.

Anatole. Violet d'évêque, liséré jaune à la base, cœur jaune vif rayé marron presque en totalité.

Aurantia. Ordinairement les nuances s'affaiblissent de haut en bas; celles-ci suivent une marche contraire. Le sommet est blanc rosé; les côtés rose vif au centre, rose tendre plus loin; le pied aurore; très délicatement strié jaune.

Basile. Violet bleu, veiné pâle, maculé de faibles taches blanches qui se pressent et s'allongent en un tout délicieux; la base, d'un jaune tendre, se fonce vers le centre; les stries sont peu prononcées.

Belle Gabriélle. Voilà une tige bien sombre et dont l'apparition sous le patronage d'une gracieuse figure semblerait inouï à quiconque oublie les lois innées dans le cœur de la femme et raffinées sans cesse par son amour de plaire. Telle nuance fait valoir la brune, telle autre la blonde; aussi certains lions connaissent-ils la beauté à l'ensemble de ses couleurs chéries.

La Belle-Gabrielle se voile d'un violet noir qui retombe sur les flancs en reflets bleus; le blanc de la base circonscrit dans le coloris supérieur, diapré par la macule demi-violette, demi-marron, produit un ensemble unique.

Black Knight. A la prétention d'éclipser Negro-

Prince; je préfère toutefois et de beaucoup ce dernier. Black étale un manteau pourpre très foncé que soulève faiblement le centre bleu et jaune.

Caprice des Dames. Bleu ardoisé, flanqué vers le milieu des corolles de deux taches violettes, petites, régulières; barbe marron foncé, centre jaune.

Catherine Howard. Joue, et ce titre de réprobation aurait dû lui interdire l'accès de cette nomenclature; ses teintes extraordinaires ont trouvé grâce devant moi. A sa tête un violet tendre, strié jaune pâle; à ses côtés le même jaune relevé par une légère moucheture violette, bordée à son pied d'une large raie qui trahit à la fois le violet, le brun, le jaune; à son centre un marron capricieux.

Captivation. Jaune soufre, régulièrement strié de bandes minces, perpendiculaires, qui, se réunissant, bordent les pétales supérieurs d'un violet très pur sur lequel les pointes du fond se détachent en relief et offrent l'image d'innombrables cornets.

Cedo nulli. Un violet indécis ligne parfois la cinquième foliole; l'ensemble de la fleur est rose;

certaines nuances chamois se mêlent à la
teinte générale dans les parties inférieures, li-
sérées blanc, la fondent insensiblement ; le
marron domine la macule.

César-le-Grand. Il n'appartient certes pas au
peintre de commenter les noms que la chro-
nique lui livre ; néanmoins, s'il découvre une
page inconnue, ne pourra-t-il la dévoiler ? Il
le peut, il le doit ; écoutez donc d'où vient
à cette plante son illustre renom.

Le violet pourpre se réfléchissant sur les
contours inférieurs, le cœur blanc, envahi
par la macule, avaient tout d'abord captivé
mon attention ; je voulais les décrire ; mais,
semis de l'année, il leur fallait un nom, et le
marchand hésitait : « César, dit-il enfin, n'é-
tait pas blanc à la bataille d'Actium » ; ce co-
loris sombre le représente, je le nomme Cé-
sar-le-Grand.

Chevaleresque. Couvre sa tête d'un violet d'évê-
que, sa base d'un jaune largement bordé
violet, liséré blanc. Des stries violettes occu-
pent le centre.

Christiana. Le violet du sommet se pourpre à l'ap-
proche de l'éperon, puis entoure les corolles

subséquentes d'une ample raie moins foncée, lisérée jaune, teinte unique du cœur.

Cœlestina. Les cinq pétales jaunâtres sont encadrés dans une large bordure violette, sur laquelle le jaune s'avance inégal, traçant en haut des festons irréguliers, moins profonds, moins capricieux aux ailes, nuls en bas.

Comète. Le jaune spécifie l'ensemble et emprunte au violet des stries dont les reflets insaisissables assignent à l'individu une place d'honneur.

Coronation. Une bande majestueuse, large, violette, part du haut, s'affaiblit, se prolonge en jaune tendre maculé ou liséré violet.

Curion. La tête pourpre se nuance, suivant le point de vue, de rosé ou de rouge; le pied porte à ses extrémités une large bordure violet bleu; le cœur blanchâtre est sillonné violet.

Doctor Pusey. Sommet lilas violacé, strié plus clair; base plus claire encore bordée et veinée d'un blanc jaunâtre.

Duchesse de Richemond. Se caractérise par le violet pourpre des corolles, le jaune tendre des côtés, foncé de la base, mouchetée violet.

Duc of Wellington. Pétales supérieurs violacés, veloutés, lisérés blanc, inférieurs blancs, centre jaune.

Eclipse. Le violet d'évêque surmonte le jaune bordé en teintes fines et claires qui se faufilent timides vers le cœur et se terminent en stries verdâtres.

Emperor New. Couronné violet, flanqué de blanc où brillent deux ailes violettes. Le cœur, jaune, se contourne en signes mystérieux.

Erebus. D'abord rose, puis acajou bordé rose; macule noire.

Ernest Legade. Sommet bleu rose, côtés blancs, base blanche lisérée bleu, moucheture violet foncé.

Espérance rouge. Ce gain, obtenu en 1843 par M. Salter, est, à mon avis, le plus précieux de sa riche collection. Je ne connais pas de nuance plus tranchée, de combinaison plus bizarre. La tête, cerise, s'élève sur un jaune inégalement maculé feu; une barre rouge traverse vive et nette le dernier pétale. Venu par la rive gauche, Notre-Dame-des-Flammes avait évoqué en moi les sanglantes péripéties du 8 mai. Je vis dans le jaune les traits décomposés du malheureux vieillard ; dans le rouge pur, le foyer d'incendie ; dans les macules, la flamme qui s'étendait rapide ; dans la ligne extrême, l'étincelle, poussée par un vent impétueux, qui embrasait les vêtements du morne octogénaire. Une larme humectait ma paupière : je priais, je suppliais l'Anglais de donner à la fleur une date trop célèbre ; mais l'Anglais, impassible, ne me comprenait pas !...

Eugène Chartier. Un mélange de brun, de jaune, de rouge violacé sur les contours, prête aux corolles une teinte insaisissable ; un marron rouge liséré jaune borde le cœur jaune et se nuance de reflets violets ; la macule, légère, se diverge en stries gracieuses.

Fair maid of Perth. Le sommet, marron velouté, se détache sur un fond jaune, qu'il cerne encore à la base de ses couleurs affaiblies ou lisérées.

Félicité. Est remarquable et par sa fécondité et par le rose strié blanc des quatre pétales supérieurs ; le jaune ondulé rose du cinquième se combine avec le cœur blanc.

Fénélon. Les innombrables reflets du velours d'é-

vêque enrichissent deux folioles soutenues
par un blanc bordé violet clair, maculé et li-
séré blanc, qui repose lui-même sur un
jaune à la bordure violet foncé.

Flora magniflora. Nous avons ici trois points à en-
visager : la tête, les côtés, la base. La tête,
bleu pourpre à l'approche de l'éperon, se ter-
mine en bleu pâle ; les côtés sont jaunes, la
base identique, à l'exception d'une petite
tache, tantôt violette, tantôt bleue ; la ma-
cule, marron, dessine plus ou moins régu-
lière une figure fantasque.

Fringed Yellow. Les corolles, jaunes, sont rayées
de bandes violet brun, qui, partant de l'épe-
ron, se divisent au sommet en filets inégaux.
Le pied prend un jaune vif strié violet.

Giganteus. Le nom indique tout d'abord une large
fleur, et le nom cette fois ne trompe pas.
Beau de forme, l'individu est plus beau en-
core par ses tons violets, lisérés blanc. Le
fond se développe en carré blanchâtre affaissé
vers son milieu.

Henriette du Mont d'Or. Je sens ici surtout com-
bien notre langue est pauvre, combien il est
difficile de copier la nature dans ses capri-

cieux effets. Quels mots rendront cette dé-
gradation insensible du violet, du brun, du
rouge, du vert, se confondant dans les péta-
les supérieurs? Quelles phrases imiteront le
jaune changeant que deux taches, intraduc-
tible mélange de brun et de vert, maculent
sur les côtés; cette base jaune vif à la large
raie marron clair?... J'admire, et, dans le
sentiment profond de ma propre impuissance,
je brise mes pinceaux.

Henri IV. Les noms populaires révêtent en France
toutes les formes; on les recherche, on les
use, on les oublie; ce sont des jouets que
le temps mine pour rendre un hommage
plus éclatant à la mémoire des grands hom-
mes. Qu'importe si Polka, Rigolette, Fleur-
de-Marie, se reflètent dans nos vêtements;
si Fouyou a sa statue! Leurs exploits, inscrits
sur le sable, s'effaceront au premier vent d'o-
rage; il ne restera que les étoiles brillantes
devant lesquelles la postérité s'arrête dans
une muette admiration. Deux cents ans ont
passé sur la cendre d'Henri, et depuis deux
cents ans chacun l'invoque. Il est sur le
bronze, sur la pierre, sur le marbre; le

voici dans une Pensée aux corolles verdâtres,
à la bordure violet rouge, qui, se prolon-
geant, forme avec le fond des stries de la plus
grande beauté ; le voici dans une Pensée à la
base jaune vif, bordée marron, lisérée jaune ;
à la faible macule, qui ne joue ni le panache
ni la barbe du monarque bien-aimé. A quoi
bon un vain signe quand le cœur parle ?...

Hermogène. Le blanc, très pur, est animé par la
large bordure violette des premier, second et
cinquième pétales.

Hope. D'un violet nuancé vers le haut, largement
bordé des mêmes teintes sur les contours in-
férieurs ; cœur crème, véiné bleuâtre ; forte
macule violette, marron et bleue.

Incomparable Smith. Pour le pourpre velouté de
la tête ; pour le jaune des flancs, fortement
bordés d'un violet bleu qui, très chaud au
sommet, se glisse moins vigoureux de part et
d'autre, laisse même çà et là entrevoir le
fond, et forme avec lui un tout charmant ;
pour le jaune vif du pied ; pour les stries,
riches de toutes les nuances précédentes,
oui...; mais pour les dimensions, pour la
tenue ?

Indispensable. Le haut, violet rouge, se décline jaune et brun ; les côtés, oranges, finissent par une légère bande brune ou verte ; un brun velouté borde la base et se découpe en dents ; enfin la macule, noire, envahit le cinquième pétale et l'identifie à un animal monstrueux.

Jack Pikkle. Les corolles, jaunes, sont striées de longues, de faibles lignes vertes ; le ton est plus chaud dans les trois inférieures, sur lesquelles apparaît une ombre verte peu sensible.

Jean Bart. Velours violet sombre, liséré soufre dominant un jaune pâle.

Jet. Étranger à notre langue, M. Salter s'est trompé, je pense, sur l'orthographe du mot. Il aura voulu trouver un nom qui peignît cette teinte noire ; il lui aura assigné le terme technique du bitume fossile, sans songer à l'impossibilité de comprendre son idée sous les lettres. Quoi qu'il en soit, je ne connais pas de rival à ces larges folioles véritablement noires, qui, vues au soleil, répercutent mille nuances, apparaissant partout, ne se trouvant nulle part : le centre jaune, et parfois marron, ajoute encore à la beauté de cette plante incomparable.

Jupiter. D'une conformation parfaite, détache sa large tête violet pourpre sur de blanches corolles où les teintes supérieures se montrent en bordure. Les stries, minces, sont environnées de points violets.

King Crimsons. Carmélite du ton le plus beau ; à l'arrière-saison le sommet se nuance de pourpre.

Kléber. Violet d'évêque ; cœur jaune, dont la large macule ne laisse entrevoir qu'un faible cordon.

Lady Peel. Blanche, mouchetée violet et bleu.

Léonidas. Au violet pur du haut se mêlent dans les parties inférieures quelques teintes roussâtres ; le cœur est jaune, la macule vigoureuse.

L'Orientale. Velours violet changeant, liséré blanchâtre à la base ; un marron noir scintille sur le fond blanc.

Madame Chartier. Si on a lu attentivement les premières pages de cet opuscule, on a pu remarquer les héros de notre histoire presque toujours dépourvus de ces barbes épaisses dont le peintre, à tort ou à raison, s'est plu à les orner. Dans Henri IV, Jupiter, Jean Bart, la maculé manque; elle envahit au contraire la Duchesse de Richemond, Madame Chartier. Hasard malheureux qui témoigne assez de notre insouciance. Donner à une plante barbue le surnom d'une femme est, selon moi, un contre-sens impardonnable.

A part cette faute, M. Chartier ne pouvait mieux choisir pour fêter son épouse : tout est beau dans cette fleur, où le pourpre veiné blanc surmonte deux ailes mates aux contours violets, striés et parfois pointillés rouge; où la base, d'un violet si pur, étale pompeusement ses rameaux violet noir.

Magnet Thompson. Le pourpre, le bleu, le blanc, se divisent ainsi : pourpre en tête, bleu violacé sur les extrémités subséquentes; blanc au cœur, que recouvre la macule.

Manteau Royal. Le jaune cerne les corolles pourpres, puis borde et pointille l'extrême base.

Maréchal Gérard. Pourpre et bientôt jaunâtre, délicatement teinté de violet clair.

Marie de Ponsort. Sommet rose pâle, plus vif sur les contours; ailes mi-jaunes, mi-roses; pied brun ou rouge bistre.

Merveille Seulin. Violet changeant marié splen-

dide aux parties latérales blanches et bleues,
à la base jaune panaché.

Miracle. Je croyais le temps des miracles passé;
la brise à mon oreille a murmuré ce mot;
j'ai fureté, je n'ai rien vu; serez-vous plus
clairvoyants?...

Le blanc, le bleu, le violet, se disputent la
tête; le point extrême de la base, blanche, sup-
porte une tache bleue qui s'effile vers le cen-
tre; la macule, violet d'évêque, est lignée noir.

Miss Moleswort. L'extrémité supérieure, bleu vio-
lacé, se perd dans le fond blanc, bordé bleuâ-
tre; des stries violettes rehaussent sa fraî-
cheur.

Miss Seavel. Le violet est la couleur dominante
du genre Viola, mais rarement il atteint ce
brillant, doublement beau par la blancheur
du pied garni d'une bande violette, sur la-
quelle le fond usurpateur forme de gracieux
festons.

Mogul. Blanc à la pointe, violet bleu au sommet.
L'eau, par une transition mutuelle, détruit
souvent le charme du contraste; mais alors
même ce défaut est compensé par la bordure
bleue des côtés blancs; par le violet capri-

cieux de la base, jaune ; par la macule, violette et brune à la fois.

Mysticote. Cette dénomination s'applique à toute une famille dont les corolles tricolores s'élèvent sur un fond ordinairement uniforme ; elle n'a pas de teintes spéciales ; les préciser c'est passer à l'individu. Un rouge carmin occupe ici les deux tiers du sommet, puis, montant toujours, se change en rose et fait place à une bande mate très tranchée ; le jaune envahit le cœur, bordé de rose sur les côtés, de rouge pourpre sur le cinquième pétale.

Negro Prince. Voilà un sujet de la première série, et néanmoins je le proclame hors ligne, tant sa nuance est sombre, tant son cœur prête à l'illusion.

Osgar. Violet pourpre, strié perpendiculairement de bandes jaunes, larges, régulières ; base jaune vif, stries faibles et métalliques.

Paragon. Le faîte est violet veiné : deux taches semblables, se fondant peu à peu, paraissent les ailes des côtes jaunes. Une troisième tache violette contournée en bordure pare le pied, orange ; la macule, bleue, rayée noir, reflète dans ses ondulations l'énorme barbe d'une tête juive.

Phænomenon. Blanc jaune ; une bande bleue règne au sommet, se découpe en dents.

Pilot Gibson's. Sur la tête, soufre, deux mouches violettes plus ou moins grandes s'avancent parallèles. La base, plus sombre, fuit sous les stries marron.

Prima Dona. Offre un effet d'optique extraordinaire. Par des teintes heureuses le violet foncé arrive violet jaune à l'éperon, jaune serin sur les faces latérales, bordées bleu tendre, veinées jaune ; la pointe, très vive, éloigne le centre, marque les divers plans du tableau ; le ton chaud, qui s'évanouit insensible, figure le zénith, l'horizon ; les stries rappellent les formes vagues du lointain, et les ombres légères la blanche vapeur que le soleil aspire.

Prince Albert. Il y a de ces destinées si parfaitement heureuses, qu'on les envie ; que l'homme, matérialisant son idée dominante, les montre partout. Le prince Albert s'est assis sur un trône immense, il a conquis les faveurs d'une angélique créature : flatterie ou raison, chacun devait l'évoquer.

J'ai trouvé sous son nom deux splendides

Pensées : l'une, obtenue par Silvelock, présente un jaune vif surmonté de corolles brun rouge, bordé violet ; une moucheture bistre fixe le pied.

L'autre, d'abord violette, prend sur les côtés une teinte blanche cernée violet tendre, qui se dessine nettement sur le fond et ondule l'extrême base ; la macule, vigoureuse, couvre la presque-totalité du cœur.

Princesse Marianne. Bleu nuancé ; le jaune du centre se perd dans la dernière foliole, lisérée violet.

Puck. J'admire ce sommet rose veiné noir, à la bordure blanche ; ce pied jaune, ces côtés blancs ; je sens la poésie de ces stries majestueuses ; mais, quand je les veux peindre, mon esprit s'embarrasse, et je passe de suite à des objets nouveaux.

Pygmalion. Un lilas bleuâtre prononcé en haut, fuyant de plus en plus clair ; un cœur légèrement strié constitue les quatre premières feuilles ; la cinquième, jaune bordé et veiné bleu, varie heureusement l'ensemble.

Queen Bess. Large Pensée blanche aux contours supérieurs violets.

Red Rover. Cramoisi velouté bordé lilas ; cœur blanc sur les côtés , jaune à la base.

Rêve de bonheur. Confirme mes assertions. Les corolles, d'un rose tendre veiné plus sombre ; le cœur, jaune encadré de rose légèrement strié, devaient présager la gloire…. Hélas ! l'espérance ne mûrit point sur la terre !. .

Riso. Mélange de brun, de rouge, de violet ; le sommet tranche en clair sur le pied, où le vert se joint au brun, au rouge, inégalement fondus. Macule marron vif.

Rose des vents. Violet d'évêque couronnant une teinte orange diaprée dans sa totalité de filets minces.

Saint-Urbin. M. Rendalter, décrivant cette fleur, la considérait à travers le prisme de sa paternelle sollicitude et devait nécessairement l'embellir. Toutefois il y a du vrai : je reconnais dans les corolles le brun et le jaune ; le vert seul peut être mis en question, mais , dans cette hypothèse même, le cœur orange, la macule noire, en font encore un sujet du premier mérite.

Sekespère. Je ne suis pas ici l'orthographe consacrée ; la signature de l'auteur, conservée à la bibliothèque de Londres, m'en donne le droit ; quelles que soient les lettres, cette Pensée, blanche, striée vers ses extrémités d'un violet plus ou moins foncé, est bien l'hommage de l'Angleterre à son écrivain favori.

Sidonia. Blanche avec macule violette ; pourtour ligné d'imperceptibles filets violacés.

Silvie Collin Un sommet violet d'évêque très pur et très vif ; une base jaune soufre, légèrement bordée sur le cinquième pétale du même violet, liséré blanc ; une macule marron et faible, caractérisent ce nouveau gain.

Souvenir de Dumont d'Urville. Pour graver ce triste souvenir il fallait ou le rouge ou le noir, et je remarque une tête pourpre velouté, des côtés jaunes garnis en tons plus clairs d'une large bande pourpre, un pied orange liséré violet brun ; je remarque les emblèmes les plus gais dans une scène de désolation et de mort.

Strix. Le fond, d'un blanc pur, est régulièrement bordé de smalt.

Superbe jaune. Qu'ajouterai-je au nom ? L'imagination se représente ces larges corolles jaunes lignées noir.

Surpasse Triomphe Anaïs. Rose tendre veiné plus
sombre, remarquable par le violet pourpre
qui ceint l'éperon et remonte en lignes sou-
ples ; fond blanc disparaissant parfois sous la
bordure violet rose.

Surprise Thompson. Le pourpre velouté, strié et
terminé par une bande violacée, sablée de
pourpre ; le jaune paille du fond, brillant du
centre ; l'énorme macule usurpant la base,
tranchant en violet nuancé ici de marron, là
de jaune, veiné partout d'un violet presque
noir ; les corolles, parfaitement imbriquées,
devaient en effet surprendre l'amateur.

Télémaque. Pétales supérieurs violets, les latéraux
blanchâtres bordés du même violet, qui, se
mêlant au blanc, enfante veines et reflets ad-
mirables ; cinquième orange délicatement li-
séré violet.

Trafalgar. Le velours violet de la tête borde la base,
jaunâtre ; les stries sont violettes.

Unica. Doit à son ton singulier la singularité de
son nom. Il n'a qu'une seule nuance, mais
quelle nuance ! acajou velouté en bas, strié
en haut de veines tendres qui jouent l'or au

soleil; malheureusement le cœur, jaunâtre, se macule dans les fortes pluies.

Valner. Blanc pur tacheté vers le centre des corolles d'un rose bleuâtre, qui se prolonge en lignes délicates. La dernière foliole, jaune vif au centre, se dégrade inaperçue; des favoris bleus, une longue barbe marron, donnent du relief à ce Grandiflora.

Vendredi. Demandez à la tige son rapport avec le compagnon de l'immortel Crusoé; considérez, répond-elle, ma tête chamois veinée rouge, mes contours violets, mes flancs jaunes tigrés de quelques points marron, mon pied à la boucle acajou, pointillée de même, et dites-moi si le chamois ne dessine pas le teint, l'acajou la barbe, les stries les veines de l'esclave abruti.

Venusta. Oh! oui, Venusta! la fleur dont le sommet pourpre protège de ses nuances la blancheur des flancs rayés violet, dont le jaune foncé part de l'éperon, s'affaiblit, s'arrête à l'extrême base devant une large bande violet rouge, qui, jointe aux teintes supérieures, entoure le centre dans ses plis inégaux, dont l'énorme moucheture offre dans ses capricieux contours le parfait ensemble d'une tête humaine.

Vhanquar. Comme le Protée de Virgile, se modifie sans cesse. Le violet velouté noir règne sur les corolles ; le blanc bordé violet pourpre sur les parties latérales ; le jaune très vif sur la base, mouchetée violet ; la macule tranche le blanc de ses ramifications violettes, puis s'abaisse en marron dans le jaune.

Victor. Un rose nuancé surmonte agréablement un jaune pâle, chargé au pied d'une forte tache violette ; le marron, le violet, envahissent le cœur sans jamais se confondre.

Vulcan-lane. Fond blanc, corolles violet d'évêque, bordure violet bleu, stries marron.

Wallace. Rentre dans les tons les plus communs ; qu'on se figure donc avant tout une tenue parfaite, des pétales régulièrement arrondis, larges, et s'imbriquant sans aucune solution de continuité, puis une tête violet pourpre, des côtés violets bleu, lisérés et veinés jaune ; une base à bordure violette très développée ; un cœur jaune.

Warwickshire héro. Il y a des êtres privilégiés ; j'en

9

attesté cet individu admirable par sa forme, sa tenue, plus admirable par son sommet qu'ombrage tour à tour le violet rouge, le violet d'évêque et le blanc ; par ses ailes mates lisérées violet, par la blancheur de son pied, dont la moucheture violette s'effile vers le centre.

Yellow defiance. Jaune pâle, plus chaud à la base ; stries marron.

Zebra. Pourquoi donc, ô mon Dieu, quand vous m'avez donné une âme capable de sentir les beautés de la création, m'avez-vous refusé le génie ? Pourquoi ne puis-je traduire les vibrations intimes que suscitent en moi vos merveilles ? Je vois, je comprends, je me replie en cent manières, et cent fois j'échoue contre ces corolles jaunes, vertes, lignées violet ; contre ces côtés jaunes, dont le coloris supérieur ombre les contours ; contre cette foliole orange, qui, dans sa vive et large bordure, change le violet en un brun délicieux.

Zenobia. Violet pourpre très foncé, se termine par trois pétales jaunes lisérés pourpre, et quelquefois lilas bleu.

EPILOGUE.

Cet ouvrage, préparé depuis six ans, devait accompagner la *Monographie du genre OEillet*; mais, coordonnant mes notes, je rencontrai des points indécis qui m'obligèrent, pour ne pas jeter en aveugle mon opinion dans la balance, à une série de longues et difficiles épreuves. Enfin j'allais parler; M. Ragonot me devança. Écrire n'est point de ma part une spéculation, un trafic : j'aime à populariser les découvertes récentes. J'aurais brûlé ces pages, reproduction tardive de conseils étrangers ; bases nouvelles, j'ai voulu les mettre, au profit de la science, en parallèle du livre parisien. C'est donc une réfutation complète, minutieuse, une lutte acharnée, sans personnalités toutefois ; je suis, j'attaque mon adversaire : le public jugera.

La Pensée, nom suave, écho mélodieux, admet toutes les étymologies ; je récuse pourtant ce bouton incliné, ces corolles scintillantes : car, aux mêmes titres, la Violette, la Pervenche, méritaient le même nom. Croyez-moi, cette fleur évoque, non pas un caprice, mais une douleur de mère, mais l'âme qui parle à l'âme dans un suprême adieu.

L'an 303, au plus fort de la persécution, Julia, femme chrétienne, s'enfuit avec son fils. Elle console les malheureux ; le jeune homme, déguisé, cherche leur nourriture. Saisi dans sa pieuse excursion, il achète sa liberté par un outrage ; il confie ses angoisses à son bon ange, qui refuse son pain, qui l'entraîne la nuit près d'un vieillard devant lequel il s'accuse, quand soudain des mercenaires envahissent l'antre. On résiste ; on se disperse. Julia tombe blessée ; ses compagnons l'emportent, la déposent mourante sur les bords d'un ravin, dont l'eau limpide ranime ses esprits. Elle se soulève, retombe ; puis, apercevant un Viola que l'aube dorait de ses pâles rayons : Voyez, dit-elle, cette tige où l'abeille se pose ; elle brille sur ces roches comme le Seigneur dans l'immensité. O mon enfant, que sa présence te rappelle ton Dieu, te rappelle ta mère, ta mère, qui, pour te parler encore, y dépose sa dernière pensée !... Elle mourut : la folie du jeune homme avait causé sa mort ; dans son désespoir, il donna à la plante le dernier mot, triste souvenir, qu'avait murmuré sa mère

Divisés, quant à l'origine du nom, les auteurs sont unanimes sur sa culture : tous la montrent difficile.

M. Ragonot seul s'inscrit en faux, sans peser les suites de son assertion. En présence du témoignage si positif de madame Loudon (1), témoignage confirmé chaque jour par l'expérience, on mettra en doute son savoir; on le plaindra de rencontrer en Angleterre les premiers admirateurs du Rothomagensis. Pauvre jardinier, qui ne s'est pas pris d'étonnement à la vue d'un comte de Provence, oubliant la perte de Naples au milieu des Pensées; pauvre écrivain, qui, après les commotions de 1793, de 1812, de 1830, ne trouve pour expliquer notre conduite qu'un invincible préjugé! et voilà cependant l'ouvrage sanctionné, au mépris de l'histoire, par une société française!

Chose tristement véridique : certaines commissions d'intérêt général s'occupent trop d'intérêt particulier. Réfutez un membre, soumettez-leur un procédé sortant des routes connues : leur fierté repousse l'un, leur rancune brûle l'autre sans comprendre sa valeur; mais, avant les sociétés mêmes, il y a la vérité, et dût mon opinion encourir un blâme plus sévère, je proteste comme horticulteur, comme Français, comme historien.

(1) *Annales de la Société royale d'horticulture*, tome XXVII, page 335.

9*

Qu'est-ce encore : « *Le Grandiflora dégénère par semis ; une altération sensible dans les tons, dans la grandeur des corolles, ne le modifie point.* » D'abord la graine enfante presque toujours un type inconnu ; né d'une transmission de pollen hétérogène, il est sans antécédent, et, la décadence résultant d'une comparaison entre les diverses folioles de sujets identiques, il y a absurdité à juger un individu par ses rapports avec tel ou tel gain. La dégénération dès lors provient exclusivement du mélange des teintes, de la contraction des pétales soumis à des soins grossiers, et surtout à des alternatives de température, dont l'influence, étrangement niée, a reçu une sanction imposante dans l'aveu remarquable de M. Jacquin (1).

Au moins, si M. Ragonot avait le courage de ses erreurs, s'il soutenait vaillamment ses malheureuses paroles, peut-être le prendrait-on en pitié ; mais, papillon léger, il voltige à l'aventure, il renverse lui-même son pénible édifice. Observez-le : il voit l'étymologie de la Pensée dans les lieux *qu'elle fréquente le plus volontiers, lieux d'ombre et de silence* ; il affirme *la grande chaleur l'unique cause de sa dégénération* ; puis tout à coup il conseille de l'ex-

---

(1) *Annales de Flore et de Pomone*, tome IX, page 58.

poser en plein midi ; puis , changeant une troisième
fois, sous un paillis, sous des arbres très élevés. Il
revient donc à l'ombrage malgré lui , et comment se
le procure-t-il? par un paillis qui étouffe le pied ; par
des arbres dont les racines épuisent la terre , dont le
feuillage intercepte l'air, dont les rameaux condensent
la pluie , et , la versant à grosses gouttes , écrasent les
tiges étiolées. Ne valait-il pas mieux, d'accord avec
la raison se réunir à l'avis commun ?

L'auteur n'est pas à son apogée. Patience ; il va
montrer la touffe multipliant ses forces en raison di-
recte de la fleur, je veux dire de son épuisement. En
vérité, on croit rêver en lisant de tels principes !

Singulière destinée ! moi qui défends en toute oc-
currence le marchand ; moi qui souvent applaudis à
ses efforts, pour la première fois accusateur, je ful-
mine une réputation naissante ! C'est que l'homme se
doit à la société ; c'est qu'il a un devoir, devoir pé-
nible dont il ne peut s'affranchir. N'aurais-je pas
manqué à ma sollicitude horticole en laissant incul-
quer ce système de récolte, ce mode de reproduction ?
Le juste milieu est difficile à saisir ; la graine recueil-
lie ou trop tôt ou tard aurait été perdue, puisque,
coupée avant maturité, elle souffre et n'enfante rien
de bon ; le papier s'oppose à l'action du soleil, l'hu-

midité l'annihile ; l'œilletonnage vétilleux pourrit en terre franche le nouveau-né. En admettant d'ailleurs qu'il se développe sans le secours du sable, de la cloche ; qu'il possède tous les avantages dont il est dépourvu, il ne pourrait encore s'effectuer sans cesse. Les multiplications tardives réussissent peu, soit parce que la floraison a épuisé la terre, soit parce que la canicule agit trop fortement sur leur organisme. Si ce fait admettait l'ombre d'un doute, M. Ragonot viendrait le confirmer.

« Il est très essentiel, écrit-il, que les Pensées soient » plantées avant que la terre soit complétement échauf- » fée par le soleil ; quand on n'a pu effectuer cette plan- » tation que tardivement, il ne faut pas s'étonner si la » plante dépérit, car elle n'aura pas en le temps de » pousser avant que la grande chaleur ne l'ait surprise » par sa funeste influence. »

Ne pensez pas que j'aie annoté toutes les choses étranges de cette brochure ; je pourrais faire justice des prétentions au baptême, au triomphe de la Pensée ; mais déjà M. Ragonot, homme de cœur et de talent, a compris son oubli ; il retouchera, n'en doutez pas, un livre qui, aujourd'hui, se résume en deux mots : ombres répandues pour faire saillir un nom ; préceptes erronés pour étendre un commerce.

Je devais à mon honneur cette réfutation ; je l'ai entreprise impartiale. Être utile était mon rêve ; décidez, lecteurs, si mon rêve s'est accompli.

FIN DU TRAITÉ.

TABLE DES MATIÈRES.

FIN DE LA TABLE DES MATIÈRES.

CATALOGUE

DE LA

LIBRAIRIE AGRICOLE

DE

LA MAISON RUSTIQUE

RUE JACOB, 26, A PARIS

DIVISION DU CATALOGUE

JUIN 1864

AVIS IMPORTANT

Toute commande de livres publiés à Paris, si elle est faite par un abonné du *Journal d'Agriculture pratique* ou de la *Revue horticole*, et accompagné du prix de ces livres en un mandat sur Paris, ou, ce qui est plus sûr, en un bon de poste dont on garde la souche, qui sert de quittance, est expédiée sur tous les points de la *France*, de la *Corse*, de l'*Algerie* et de l'*Italie*, *franco*, au prix marqué dans les catalogues, c'est-à-dire au même prix qu'à Paris.

Les commandes de plus de 50 fr., faites dans les mêmes conditions, sont expédiées *franco* et sous déduction d'une *remise de dix pour cent*.

Quel que soit le chiffre de la commande, la remise est toujours de *dix pour cent* pour les abonnés, lorsque, au lieu d'expédier par la poste les ouvrages demandés, la *Librairie agricole* les livre au comptant à Paris.

Le catalogue de la *Librairie agricole* est expédié *franco* à toute personne qui le demande *franco*.

On ne reçoit que les lettres affranchies.

ABRÉVIATIONS.

B. J.,	lisez	*Bon Jardinier.*	Jard., J.,	lisez	*Jardinier.*
Bibl., B.,	—	*Bibliothèque.*	Pag., P.,	—	*pages.*
Col.,	—	*coloriées.*	Pl.,	—	*planche.*
Cult., C.,	—	*Cultivateur.*	T.,	—	*tome.*
M. R.,	—	*Maison Rustique.*	V.,	—	*voir.*
Grav., gr.,	—	*gravure.*	Vol., V.,	—	*volume.*

Montereau. — Imp. de Léon Zanote

AGRICULTURE — ÉCONOMIE RURALE.

Agriculture (Traité d'), par Mathieu de Dombasle. 5 vol.. 30 »

Agriculture au coin du feu; par Victor Borie. 1 vol. in-12 de 200 pages . . . . 3 »

Agriculture provençale (Essai d'un traité d'), par Guillon. 2 vol. in-18 ensemble de 300 pages. . . . . 3 »

Agriculture provençale (Vade-mecum de l'), par Guillon. 1 vol. in-18 de 136 pages. . . . . 2 »

Agriculture (Cours d'); par de Gasparin, membre de l'Académie des Sciences, ancien ministre de l'Agriculture. Six vol. in-8 et 255 gr. 39 50

Tome Iᵉʳ. — Analyse des terres. — Propriétés physiques des terres. — Géologie agricole. — Classification des terrains agricoles. — Évaluation des terrains. — Amendements. — Engrais.

Tome II. — Météorologie. — Architecture rurale.

Tome III. — Mécanique agricole. — Culture. — Cultures spéciales.

Tome IV. — Suite des cultures spéciales.

— Plantes fourragères. — Arboriculture.

Tome V. — Assolements. — Systèmes de culture. — Économie rurale. — Administration de la propriété.

Tome VI. — Nutrition des plantes. — Habitation des plantes. — Appendice. — Tables analytiques des matières et des gravures contenues dans les six volumes.

C'est un Traité complet d'agriculture au point de vue théorique et pratique. Le cultivateur y trouve classée dans un ordre méthodique la solution de tous les problèmes agricoles. Amendements, engrais, instruments, cultures, analyse chimique des plantes, des sols et des engrais, économie rurale, toutes les questions sont traitées avec autorité par l'illustre écrivain. 255 gr. accompagnent le texte et ajoutent aux descriptions une démonstration matérielle.

Le sixième volume, publié en 1860, est terminé par une table analytique et alphabétique des matières contenues dans l'ouvrage complet.

Agriculture (Cours d'), et chaulages de la Mayenne; par Javry, président du comité de Craon, ancien représentant. 440 pages in-12. 3 »

Agriculture (Cours complet d') ou nouveau Dictionnaire d'agriculture, d'économie rurale et de médecine vétérinaire, par Mme de Monocurs, etc. 19 vol. grand in-8 à 2 col., avec 500 grav. 50 »

Agriculture (Cours élémentaire d'), par Borie*, 1 vol. in-18 de 126 pag. et 55 grav . . . . 75 c

Première année :

Définition du sol. | Drainage,
Engrais. — Amendements, | Irrigations. — Labours.

* Nota. — M. Borie publiera incessamment les autres volumes complémentaires de son *Cours élémentaire d'Agriculture.*

Agriculture des terrains pauvres, par Lavergne, ancien représentant du peuple, 1 vol. in-18 de 200 pages. . . . . 3 »

Agriculture (Éléments d'), par Bonis, 4ᵉ édition, 1 vol. in-18 de 300 pages. 1 75

Agriculture française (Enquête sur l'), par une réunion de députés. 1 vol. in-8 de 244 pages. . . . . 2 fr. 50

Agriculture (Manuel populaire d') à l'usage des cultivateurs d'Argentan; par de Vausenal. 92 pages in-8. . . . . 1 25

Agriculture et Population, par L. de Lavergne, membre de l'Institut. 1 vol. in-18 de 412 pages. 3 50

VACHES LAITIÈRES (Choix des), par MASSE. 144 pages et 39 gravures. . . . 1 25
ANIMAUX DOMESTIQUES, par LEROCH. 1 vol. in-18 de 162 pages et 57 gr. 1 25
CHEVAL, ANE ET MULET, par LEROCH. 1 vol. de 162 pages et 5º0 grav. 1 25
ENGRAISSEMENT DU BŒUF, par VIAL. 1 vol. in-18 de 180 pag. et 12 grav. 1 25
CHEVAL (Achat du), par GAYOT. 1 vol. de 216 pages et 25 gravures. . . . 1 25
BASSE-COUR, PIGEONS ET LAPINS, par Mᵐᵉ MILLET. 4ᵉ édit. 180 p., 51 gr. . 1 25
POULES ET ŒUFS, par E. GAYOT. 1 vol. de 216 pages et 55 gravures. . . 1 25
ÉCONOMIE DOMESTIQUE, par Mᵐᵉ MILLET. 3ᵉ édit. 215 pages et 78 grav. . 1 25
BIENS-FONDS (Manuel de l'estimateur des), par NOMOT. 368 pages. 1 25
CONSTRUCTIONS ET MÉCANIQUE AGRICOLES, par LEROCH. 180 p. et 141 gr. 1 25
COMPTABILITÉ ET GÉOMÉTRIE AGRICOLES, par LEROCH. 204 p. et 104 grav. 1 25

> Cette série de petits traités spéciaux, ornés d'un grand nombre de gravures, est publiée avec le concours du ministère de l'Agriculture, c'est assez dire que la rédaction en a été confiée à des écrivains dont le nom connu en agronomie était une garantie de la valeur du livre. Ces traités, écrits simplement et sagement, sont indispensables à tous les hommes pratiques.

Bon Fermier (Le), Aide-mémoire du Cultivateur, par BARRAL. 2ᵉ édition. 1 vol. in-12 de 1,458 pages et 200 grav. . . . . 7 »

> Ouvrage contenant : le calendrier détaillé — le tableau des foires de chaque département — des tables usuelles pour la détermination du poids du bétail et pour les principaux besoins de l'agriculture — les travaux agricoles de chaque mois pour toutes les parties de la France — les distilleries — féculeries — brasseries et autres industries annexées aux exploitations rurales — la mécanique agricole complète, avec description et gravure des meilleurs instruments aratoires, machines, etc.

Bornage. Voir *Maison Rustique*, t. IV.

Calendrier du Bon Cultivateur, par MATHIEU DE DOMBASLE. 10ᵉ édition. 1 vol. in-12 de 872 pages et 5 planches. . . . 4 75

Calendrier agricole (LES DOUZE MOIS); par VICTOR BORIE. 1 vol. in-8 à 2 colonnes de 412 pages et 95 gravures. 3 20

> Ce livre, divisé en quatre parties, contient, 1º des *préceptes et maximes agricoles*; 2º des *causeries* sur l'économie rurale; 3º les *travaux* du mois, indiquant, pour chaque mois, les travaux des champs à accomplir : labours, défrichements, cultures, etc.; les travaux de la ferme, les travaux spéciaux forestiers, viticoles, horticoles; les soins à donner aux animaux domestiques, etc.; 4º sous le titre *Variétés*, il donne une étude complète sur les diverses races bovines de l'Europe, un exposé du système décimal, etc., etc.

Calendrier du Cultivateur. Voir *Bon Fermier*.

Catéchisme de l'agriculteur provençal, par GUILLON. 1 vol. in-18 de 52 pages. . . . . 1 »

Causeries sur l'agriculture et l'horticulture, par JOIGNEAUX. 1 vol. in-18 de 196 pages et 27 gravures. 3 50

Chaulage. Voir *Amendements*, p. 13 — V. *Maison Rustique*, t. I et II.

Colline de Sansan. Récapitulation des espèces d'animaux vertébrés fossiles trouvés à Sansan, par LARTET. 48 pages in-8 et 1 planche. 1 fr. 25

Colonies agricoles (Études sur les) de mendiants, jeunes détenus, orphelins et enfants trouvés de Hollande, Suisse, Belgique, France, par DE LURIEU et ROMAND, inspecteurs généraux des établissements de bienfaisance. 1 vol. in-8 de 462 pages. 7 50

Comices agricoles; par A. BERTIN. 1 vol. in-12 de 214 pages. 1 »

Comices (Appel aux); par J. MARTINELL. 32 pages in-8. . . 0 50

Comices (Guide des); par Jacques BUJAULT. in-18, de 20 pag. 0 25

Comptabilité agricole en partie double; par Ed. DE GRANGES.
2ᵉ édit. 1 vol. in-8 de 312 pages et tableaux.. . . . . 5 »

Papier réglé pour registres de comptabilité.
La main de 24 feuilles in-folio avec couverture. 2 50
—   in-quarto   —   1 25

Comptabilité agricole (Agenda de); par JOUERT. In-4. 3 »

Comptabilité agricole (Notions pratiques de), par DUGUÉ. Une
brochure in-8° de 32 pages 1 25

Comptabilité agricole (Manuel de), par SAINTOIN-LEROY. 2ᵉ édit.
1 vol. grand in-8 et tableaux.. . . . . 3 »

Registres dressés pour l'application de la comptabilité de M. Saintoin-Leroy.
1ᵉ Mémorial de l'agriculteur, 1 vol. in-4 oblong.. . . . . 4 »
2ᵉ Livre de caisse   — 2 50
3ᵉ Journal   — 2 50
4ᵉ Grand-Livre   —   . . . . . . 3 »
5ᵉ Cahier quadrillé avec instruction. . . . . 2 »
6ᵉ   —   sans instruction. 1 25

On vend séparément chaque registre et chaque cahier.

Comptabilité de la petite culture, par LE MÊME. 1 vol. . . 1 25

Conseils aux agriculteurs sur l'art d'exploiter le sol avec profit,
par DEZEIMERIS, ancien député. 3ᵉ édit. 1 vol in-12 de 654 pag. 3 50

Constructions rurales. Voir p. 12 et *Maison Rustique*, t. IV.

Coton en Algérie (Culture du), par ADOLPHE KAINDLER. Une bro-
chure in-18.. . . . . 1 »

Crédit agricole (Question du). Sa solution; par F. FOLLIOT. » 5

Crédit agricole (Projet de); par ROUVEAU, ancien représentant du
peuple. 1 vol. in-18 de 236 pages. . . . . 2 »

Crédit agricole (Lettre sur le); par LANGLOIS. 36 pages. 0 75

Crédit agricole en France, par BARTOS. 100 pages in-8.. . . 1 »

Culture améliorante (Principes de la), par E. LECOUTEUX,
ancien directeur des cultures à l'Institut agronomique de Versailles.
2ᵉ édition. 1 vol. in-12 de 400 pages.. . . . . 3 fr. 50

Cultures industrielles. Voir *Maison Rustique*, t. II.
Culture (Traité des entreprises de grande), ou principes
d'économie rurale; par LECOUTEUX. 2 vol. in-8, formant ensemble 1.13
pages.   15 »

Défrichements. Voir *Maison Rustique*, t. I et IV.

Défrichement (Manuel théorique et pratique du); par BARTOS.
1 vol. in-8 de 400 pages.. 4 »

Desséchements. Voir *Maison Rustique*, t. I.

Desséchement des Moëres, par Cobergher, en 1622. Notice
par BORTIER. 8 p. in-8, portrait de Cobergher et carte des Moëres.. 1 »

Domaine rural (Choix, estimation, acquisition, organisation, direction, location, etc.). Voir *Maison Rustique*, t. IV.

Écobuage. Voir *Maison Rustique*, t. I.

Écoles d'arts et métiers, par MATHIEU DE DOMBASLE. 1 brochure in-18 de 106 pages. . . . . 1 fr.

Économie politique et agricole, par MATHIEU DE DOMBASLE. 1 vol. in-18 de 194 pages. 1 fr. 50

Économie rurale de la France depuis 1789; par L. DE LAVERGNE, membre de l'Institut. 1 vol. in-12 de 490 pages. 3 50

Économie rurale de la Bretagne, par P. MÉREST. 1 vol. in-18 de 220 pages. 2 50

Économie rurale (Essai sur l') de l'Angleterre, de l'Écosse et de l'Irlande; par L. DE LAVERGNE. 3e édit. 1 vol. in-12. . . . . 3 50

Économie rurale (Essai sur l') de la Belgique, par ÉMILE DE LAVELEYE. 1 vol. in-18 de 304 pages. 3 50

Économie rurale (Leçons publiques d'), par MÉREST. 1 vol. in-18 de 98 pages. . . . . 1 »

Ensilage; par BOTINE, professeur d'histoire naturelle à l'École centrale des arts et manufactures. In-18 de 48 pages. 0 75

Enseignement agricole (Entretiens sur l'), par CARPENTIER. 1 brochure de 16 pages. 0 50

Enseignement agricole (Réforme de l'), par LOUIS LÉAUZON, une brochure in-8 de 28 pages. . . . . 1 »

Fécondation artificielle des céréales, par DANIEL HOOIBRENK. Une brochure in-8° de 24 pages. 0 60

Ferme (La), Guide du jeune fermier, par STOECKHARDT, 2 vol. in-18, formant ensemble 616 pages. . . . . 7 »

Froments, nouvelles variétés; par A. BAZIN. 8 p. in-4 et 13 gr. . 0 50

Grains (Conservation des) par l'ensilage; par BOTINE. 1 vol. in-8 de 344 pages. . . . . 5 »

Grains (Moyens infaillibles de prévenir la pénurie des) et leur cherté excessive en France; par BAZIN, in-8 de 32 pages. 0 50

Grammaire agricole, Cours d'Agriculture professé à l'école de Voreppe (Isère); par A. DURAND-LAISÉ. 1 vol. in-18 de 432 pages. 2 50

Grêle (Moyens d'en combattre les effets), par LACHAMBRE. Une brochure in-8 de 64 pages. 1 25

Guide pratique du fermier et de la fermière. La routine vaincue par le progrès; par Mme MILLET-ROBINET. 1 vol. in-18 500 p. 3 50

Hanneton. Ses ravages, moyens de le détruire, par Gustave. D. 1 brochure in-8 de 16 pages. . . . . 75 c.

Histoire de l'Agriculture; par CASCALON. 1 vol. in-8 de 474 p. 6 »

Houblon. V. *Bibliothèque du Cultivateur*, p. 5, et *Maison Rustique*, t. II.

Plantes économiques. Batate, Betterave, Chicorée, Tabac. Voir *Maison Rustique*, t. II, et *Bon Jardinier.*

Plantes fourragères; Graminées, Légumineuses. Voir *Maison Rustique*, t. I, et *Bon Jardinier.*

Plantes fourragères (Traité des), par Henri Lecoq. 2ᵉ édition. 1 vol. in-8 de 500 pages et 40 gravures. 7 50

Plantes fourragères; par Herzé. 3ᵉ édition. 1 vol. in-8 de 582 p. avec 42 vignettes sur bois et 20 gravures coloriées. . . . . . 10 .

Plantes industrielles; par Herzé. 2 vol. in-8 de 890 pages, avec les vignettes sur bois et 20 gravures coloriées. . . . . 18 .

Plantes légumineuses. Fèves, Haricots, Pois, Lentilles. Voir *Maison Rustique*, t. I, et *Bon Jardinier.*

Plantes médicinales. Guimauve, Réglisse, Pavot, Rhubarbe, Mélisse, Menthe, Sauge, Absinthe, Tamarin, Camomille, Scille, Sureau, Tilleul, Houblon, Moutarde, etc. Voir *Maison Rustique*, t. II.

Plantes nuisibles en agriculture. Voir *Maison Rustique*, t. I.

Plantes potagères. Artichauts, Asperges, Choux, Courges, Potirons. Voir *Maison Rustique*, t. II, et *Bon Jardinier.*

Plantes propres aux usages de sparterie. Stippe, Jonc, Ligl', Massept, Scirp. Voir *Maison Rustique*, t. II, et *Bon Jardinier.*

Plantes textiles. Lin, Chanvre, Cotonnier, Phormium, Orties, Genêt, Agave, Apocin, Mauve, Abutilon, Alcée. Voir *Maison Rustique*, t. II.

Plantes tinctoriales. Garance, Safran, Pastel, Indigotier, Gaude, Tournesol, Carthame, Morelle, Orcanette. Voir *Maison Rustique*, t. II.

Plantes utiles dans divers arts. Chêne, Myrte, Sumac, Roseau, Maclava, etc. Voir *Maison Rustique*, t. II, et *Bon Jardinier.*

Plantes, arbres, arbustes (Manuel général des), page 27.

Plantes et arbres oléagineux. Colza, Choux, Navette, Cameline, Moutarde, Julienne, Pavot oléifère, Radis, Soleil, Sésame, Ricin, Euphorbe, Pistache, Olivier, Noyer, etc. Voir *M. R.*, t. II, et *Bon Jard.*

Plantes et arbres propres à donner des liqueurs vineuses. Pommier, Poirier, Cormier, Sorbier, Cerisier, Prunier, Framboisier, Sureau, Arbousier, Caroubier, Dattier, Bouleau, Érable, Agave, etc. Voir *Maison Rustique*, t. II, et *Bon Jardinier.*

Plantes (Maladies des). Voir *Maison Rustique*, t. I.

Police rurale (Manuel de); par Tamoux. 1 vol. in-32 de 40 pages. . . . . 2 fr

Pommes de terre. Voir *Maison Rustique*, t. I.

Prairies. Voir *Maison Rustique*, t. I.

Prairies. Voir *Bibliothèque du Cultivateur*, p. 5.

Prairies (Irrigation des). Voir page 16.

Prairies artificielles (Essai sur les); Luzerne, Trèfle ordinaire, Trèfle printanier, et Sainfoin ou Esparcette; par Machard. In-13. . 1 .

Problèmes agricoles (300), par LEROY. Une brochure in-18 de 36 pages... 0 50

Racines. Navets, Rives, Turneps, Rutabagas, Carottes, Panais, Topinambours. Voir *Maison Rustique*, t. 1, et *Bon Jardinier*.

Récoltes. Transport et conservation des fourrages, céréales, racines.— Hottes, Brouettes, Charrettes, Meules, Fenils, Granges, Greniers, Silos, etc. Voir *Maison Rustique*, t. 1.

Réunions territoriales, création de chemins d'exploitation. Étud. sur le morcellement en Lorraine; par F. P. 48 pages in-8... 0 75

Revue agricole Illustrée, guide du Châtelain, par LEROY. 1 vol. in-4 de 118 pages et de 115 gravures.................... 5

Riz. Voir *Maison Rustique*, t. 1, et *Bon Jardinier*.

Silos. — Ensilage. Voir *Maison Rustique*, t. 1.

Société d'agriculture d'Alger. Bulletin des travaux de la Société.
 Un an, 4 livraisons................................. 6
 Un numéro trimestriel............................... 1 5

Sol. Classification, degré de fertilité, façons. Voir *Maison Rustique*, t. 1.

Sologne (Agriculture de la); par Ch. JOURET et Isaac CHEVALIER, cultivateurs. 1 vol. in-8 de 300 pages.................. 4

Sorgho sucré (Culture du) comme plante industrielle et comme plante fourragère; par H. LECLAY. 36 pages in-8........... 1

Sorgho sucré et Igname de Chine, par VILMORIN. 8 pages. 0 25

Statistique agricole de la France; par ROYER, inspecteur général de l'agriculture. 1 vol. in-8 de 472 pages et atlas in-4... 12

Statistique agricole du Canton de Wissembourg, par RIGAULT, juge au tribunal de Wissembourg. 392 pages gr. in-4... 15

 Cet ouvrage a été couronné par la Société impériale et centrale d'Agriculture et par l'Académie nationale Agricole de Paris.

Statistique agricole et Industrielle de l'arrondissement de Valenciennes, par POSSIEN. 1 vol. in-8 de 178 pages.. 3 50

Statistique des Subsistances et des Comices agricoles, par BARON. 100 pages in-32.............................. 0 50

Tabac (Culture du); par PETIT-LAFITTE. 104 pages in-12. 2

Tabacs en Algérie (Question des); par l'ARIEN. In-8 de 88 p. 3

Table décennale du Correspondant des justices de paix et des tribunaux de simple police, par BOST. 1 vol. in-8, de 184 pages................................. 4

Taupier (Art du); par DANIER, 16e édition. In-12 de 66 pages. 1

Voyage agricole en France, Allemagne, Hongrie, Bohême et Belgique; par le comte DE GORCEY. 1 vol. in-12 de 432 pages.... 3 50

Voyages agronomiques en France; par LOUIS DE CASTELLVIEUX. 2 vol. in-8................................... 12

Voyages en France pendant les années 1787, 1788, 1789, par Arthur YOUNG; traduit par Lesage. 2 vol. in-18. 7

CONSTRUCTIONS — INSTRUMENTS — ARTS AGRICOLES.

AMENDEMENTS — ENGRAIS — CHIMIE — PHYSIQUE.

Amendements, Chaux, Marne, Plâtre, Cendres. Voir *Maison Rust.*, t. 1.

Amendements (Traité des). Marne, Chaux, diverses espèces d'Amendements; par Pévis. 2ᵉ édit. 1 vol. in-12 de 450 pages. 3 50
Cet ouvrage contient le mode d'emploi des Chaux, Phosphates et Hydrochlorates de chaux, Marne, Plâtre, Coquilles, Os moulus, Noir animal, Sel, Cendres, Engrais de mer, Tourbe, Argile brûlée, Sels ammoniacaux, Sulfates de soude, de fer, etc., etc., l'emploi simultané des Engrais et Amendements, Écobuage.

Amendements calcaires(Emploi et dosage des). 296 p   2 50

Animaux morts. Moyen de les utiliser. Voir *Maison Rustique*, t. III.

Atmosphère (L'), **le sol, les engrais**, par Bobierre. 1 vol. in-12 de 632 pages. . . . . 5 »

Chaux (La), son emploi en agriculture; par Piérard, ingénieur en chef des mines. 56 pages in-12. . . . . 0 75

Chimie agricole (Précis élémentaire de); par le docteur Sacc. 2ᵉ édition. 1 vol. in-12 de 454 pages et 5 gravures.. . . . . 3 50

Chimie agricole; par Isidore Pierre, professeur de chimie à la Faculté de Caen. 4ᵉ édition. 1 vol. in-12 de 532 pages et 23 grav.. 4 »

Chimie et Physique horticoles. Voir *Bibl. du Jardinier*, p. 23.

Chimie usuelle appliquée à l'agriculture et à l'industrie; par Stöckhardt, traduite par Bronstleis. 1 volume in-18 de 524 pages et 225 gravures.. 4 50

Conservation des bois (Leçons sur la), par Payen, de l'académie des sciences. Une brochure in-8, de 40 pages. . . . . . . 1 »

Coquilles animalisées, leur emploi en agriculture, par Bobierre. 1 »

Engrais liquides. Voir *Drainage. Irrigations. Engrais liquides*, p. 15.

Étude de terres arables; par Petit-Lafitte. 1 vol. in-18 de 160 pages. 1 50

Matières fertilisantes; par Hervé. 4ᵉ édition. 1 vol. in-8 de 708 pages. . . . . 9 »

Nitrates (Production des) et leur application en agriculture, par Bobierre. 1 brochure de 16 pages. . . . . 1 »

Nouvelle méthode pour la fabrication économique des engrais; par Pierre Jauffret. 1 broch. in-8 de 56 p. et 1 pl. 3 »

Phosphates de chaux (Fabrication et emploi des), en Angleterre, par A. Ronna, ingénieur. 1 vol. in-18 de 162 pages . . . . . 1 »

ABEILLES — MURIERS — SOIE — VERS A SOIE.

DRAINAGE — IRRIGATION — ÉTANGS — PISCICULTURE.

Dessèchement et assainissement des terres; par Thackeray. in-8 de 52 pages. . . . . 1 »

Drainage des terres arables; par Barral. 2e édition. 2 vol. in-12 formant ensemble 960 pages et contenant 445 grav. et 9 pl. 7 »
   Ouvrage couronné par l'Académie des sciences en 1863, comme étant, avec le journal d'agriculture pratique, celui qui a fait faire les plus grands progrès à l'agriculture française pendant ces dix dernières années.

Drainage (Traité pratique de); par Leclerc, ingénieur, chef du service du Drainage en Belgique. 1 vol. in-12 de 334 p., 127 gr. 3 50

Drainage (Moyen d'obtenir du) tout son effet utile; par Nivière, ancien directeur de l'école de la Saulsaie. In-12 de 56 pages.. . . 0 75

Drainage (Faits de), débit des terres drainées, position des plans d'eau souterrains, par Delacroix. 84 pages in-18 et 4 gravures. 1 25

Drainage dans les prés et les herbages; par d'Angleville. 30 p. in-8. 1 »

Drainage rendu facile, par Vianne. 40 p. in-8 et 3 planches. 1 25

Drainage appliqué à l'agriculture des landes, par Martres. 70 p. . 1 »

Drainage (Le et l'Irrigation; par Midy. 25 pages in-8... . 0 50

Drainage (Philosophie et Art du), par Thackeray. 96 p.. 2 50

Drainage (Système de); par Benoit. in-8, 24 pages et une pl. 1 »

Drainage radié (Le) ou sans tuyaux; par Midy. 48 pages in-8. . 0 75

Draineur (Guide pratique du); par Stephens, traduit de l'anglais par D'Omalius. 1 vol. in-12 de 296 pages et 88 gravures. . . . 1 75

Eaux pluviales, par Barral; avec un rapport d'Arago. 92 p. in-4. 1 75

Hydromètre; par André Michaux, de l'Institut. In-4 et 1 planche. 0 75

Inondations (Études expérimentales sur les); par Jeandel, ancien élève de l'École forestière. 1 vol. in-8 de 146 pages. . . . 2 50

Irrigation dans les contrées montagneuses, par Sens. Une brochure in-8, de 24 pages.. . . . . 0 75

Irrigations, engrais liquides et améliorations foncières permanentes; par Barral. 1 v. in-12 de 840 p. et 120 gr.. 7 50

Irrigations. Voir *Maison Rustique*, t. I.

Irrigations. Voir *Drainage, Irrigations, Engrais liquides*, p. 13.

VIGNE — BOISSONS — DISTILLATION — SUCRE.

Ampélographie universelle, ou Traité des cépages les plus estimés; par le comte Odart. 5e édition. 1 vol. in-8 de 620 pages. . . 7 50

Bière (Fabrication de la) ; par Bonapt, ancien brasseur. 2 vol. in-8, avec 120 gravures et projet de brasserie modèle. . . . . 15 »

Distillation agricole de la pomme de terre, des topinambours, etc., etc. par le comte de Leusse. 1 vol. in-18 de 124 pages. . . . . 2 »

Distilleries agricoles de Betteraves. Pommes de terre, topinambours, grains (système Leplay). 1 brochure de 51 pages. . 50 c.

Eaux-de-vie (Fabrication des). Voir *Maison Rustique*, t. III.

Échalas (Plus d'). Échalas, paisseaux et lattes remplacés par des lignes de fil de fer mobiles, par A. Micheaux, de l'Institut. 18 p. et 1 pl. 0 40

Pourquoi nos vins dégénèrent. par Ternel des Crênes, 1 brochure in-8 de 48 pages. 1 50

Soufrage de la vigne (Instruction pratique sur le), par de La Verone. 1 vol. in-18 de 82 pages et une planche. 1 50

Vigne (Taille de la) à cordons; vignes et vins étrangers, par Lalinan, 1 brochure in-8 de 52 pages. 1 25

Vigne (Culture de la) et Vinification, par le Dr Jules Guyot. 2e édit. 1 vol. in-12 de 400 pages et 30 gravures. 3 50

PRINCIPAUX CHAPITRES

Sols favorables à la vigne.	Vendange, égrappage.
Culture en lignes.	Sucrage des jus.
Taille-pinçage.	Cuvaison, pressurage.
Choix des cépages.	Vins mousseux.

Vigne. Nouveau mode de culture et d'échalassement; par Collignon d'Ancy. 1 vol. in-8 de 200 pages et 3 planches. . . . . 3 »

Vigne (Culture et taille); par le Dr Ecoraard. 76 pages. . . 2 »

Vigne (Perfectionnement de la plantation de la), par Johann-Bessy. 1 vol. in-8 de 102 pages et 1 planche. . . . 1 50

Vigne (La), ses produits; par le Dr Antard. 1 vol. in-8 de 364 p. 5 »

Vigneron (Manuel du), par le comte Odart. 3e édition. 1 vol. in-12 de 380 pages. 4 50

Vigne (Théorie pour l'amélioration de la culture de la); par Garnier, 1 vol. in-8 de 102 pages. . . . . 2 fr.

Vin (Confection et conservation du). Voir *M. R.*, t. III.

Vins (Traité pratique sur les); par Machard. 5e édition. 1 vol. in-18 de 347 pages. . . . . 3 »

Vins du Gers, par Seillan. 11 pages in-4 et 1 carte. . . . . . 1 »

Viticulture dans la Charente-Inférieure, par le docteur Guyot. 1 volume in-8 de 60 pages. 2 50

Viticulture du sud-ouest de la France, par le docteur Guyot, 1 vol. in-8 de 248 pages et 89 gravures. 4 50

Viticulture dans l'est de la France, par le docteur Guyot, 1 vol. in-8 de 204 pages et 46 gravures. 3 50

ANIMAUX DOMESTIQUES — MÉDECINE VÉTÉRINAIRE.

Age des animaux (Connaissance de l'). Voir *Maison R.*, t. II.

Anatomie et Physiologie des animaux. Voir *Maison R.*, t. II.

Ane. Voir *Maison Rustique*, t. II.

Animaux utiles (Acclimatation et Domestication des) par I. Geoffroy Saint-Hilaire, Président de la Société d'Acclimatation, 4ᵉ édition. 1 beau vol. in-8, de 554 pages et 47 gravures. . . . 9 »

Animaux domestiques; par Dixio, Boeley, Renault, Yvart. 1 volume in-4 de 568 pages et 330 gravures. . . . . 9 »

Animaux morts. Voir *Maison Rustique*, t. III.

Basse-Cour et Lapins. Voir *Bibliothèque du Cultivateur*, page 6.

Bétail gras (Le) et les Concours d'Animaux de boucherie. par Eugène Gayot. 1 vol. in-8 de 204 pages. 3 50

Bêtes bovines. Voir *Bibliothèque du Cultivateur*, p. 5.

Bêtes bovines (Traité des), par Weckmerlin, directeur de l'Institut agronomique de Hohenheim. 1 vol. in-12 de 560 pages, traduit par Suerer, sur la 3ᵉ édition allemande. 3 50

CET OUVRAGE CONTIENT :

1ᵉ Histoire naturelle du bœuf;	engraissement;
2ᵉ Description des races d'Europe, leur conformation et leurs aptitudes;	5ᵉ Emploi des bêtes bovines;
3ᵉ Multiplication des bêtes bovines;	6ᵉ Des différents modes d'élevage et d'entretien suivant la race et les conditions économiques.
4ᵉ Éducation, alimentation, entretien et	

Bêtes Ovines (Traité des), par Weckerlin. 1 vol. de 380 p. 3 50

CET OUVRAGE CONTIENT :

1. Histoire naturelle du mouton.	5. Élevage, Entretien, Nourriture.
2. Études des diverses laines,	6. Emploi du mouton,
3. Classification des différentes races de moutons,	7. Choix d'une race, d'après les considérations locales,
4. Multiplication des bêtes ovines.	

Bœuf. Conformation, âge, hygiène, maladies, engraissement, multiplication, races, croisement. Voir *Maison rustique*, t. II.

Bovines (Races). Voir *Bibliothèque du Cultivateur*, p. 5

Buffle. Voir *Maison Rustique*, t. II.

Cheval. Extérieur, Hygiène, Maladies, Age, Multiplication, Races, Croisement, Harnachement, Ferrure. Voir *Maison Rustique*, t. II.

Chevaline (La France); par Eug. Gayot, ancien directeur des haras. 1ʳᵉ partie, *Institutions hippiques*, contenant l'histoire de l'administration des haras, étalons approuvés et autorisés, étalons départementaux, primes à la production et à l'élève; courses au trot, au galop, steeple-chase. 4 vol. in-8. . . . . 26 »

2ᵉ partie, *Études hippologiques* traitant de toutes les questions de science qui aboutissent à la production et à l'élève des chevaux. Étude physiologique de toutes les races du pays et de leurs transformations. 4 vol.   26 »

Chevaline (De l'Espèce) en France; par le général DE LAMORICIÈRE. 1 vol. in-4 de 512 pages et 3 cartes coloriées. 3 50

Chevaline (émancipation de l'Industrie). par JULLET. 1 brochure in-8 de 48 pages. . . . . 1 fr. 50

Chevaux (Manuel de l'éleveur de); par Félix VILLEROT. 2 vol. in-8, avec 124 gravures. (Types des principales races.) . . . . . 12 »

Anatomie et physiologie du cheval.	Éducation du cheval.
Des races de chevaux.	Nourriture des chevaux.
Des divers emplois du cheval.	Maladies des chevaux.

Chèvres Voir *Maison Rustique*, t. II.

Chiens. Voir *Maison Rustique*, t. II.

Chirurgie vétérinaire. Voir *Maison Rustique*, t. II.

Conformation des animaux domestiques. Voir *Maison Rustique*, t. II.

Écuries. Voir page 12.

Hygiène des animaux domestiques. Voir *Maison Rustique*, t. II.

Inoculation du bétail, pour prévenir la péripneumonie; par le docteur DE SAIVE. 100 pages in-8. . . . . 2 50

Lapins (Nouveau Traité pratique de l'éducation des diverses espèces de); par SEGOUIS. 58 pages in-12. . . . . 0 50

Lapins. V. *Bibliothèque du Cultivateur*, p. 6. — V. *Maison Rustique*, t. II.

Mouton. Hygiène, Élève, Multiplication, Engraissement, Races, Maladies, Croisement. Voir *Maison Rustique*, t. II.

Médecine vétérinaire. Voir *Maison R.* t. II.

Médecine vétérinaire (Manuel de); par VERHEYEN. 2 vol. de 302 pages. 2 50

Mulet. Voir *Maison Rustique*, t. II.

Oiseaux de basse-cour, Poules, Dindes, Oies, Canards, Pintades, Faisans, Pigeons. Voir *Maison R.*, t. II. — Voir *Bibl. du Cultivateur*, p. 6.

Pharmacie vétérinaire. Voir *M. R.*, t. II.

Porc. Hygiène, Élève, Multiplication, Engraissement, Races, Maladies, Croisement. Voir *Maison Rustique*, t. II.

Poulailler (Le) ; par Ch. Jacque. 2ᵉ édit. 1 vol. in-12 et 120 grav. 3 50
  Cet ouvrage est divisé en sept parties : 1° Aménagement, 2° Incubation,
  élevage et alimentation, 3° Races françaises et étrangères, 4° Croisement,
  5° Engraissement, 6° Maladies, 7° Utilisation et commerce des produits.

Poules de Nankin (Essai sur les), par le docteur Sacc. 1 vol.
  in-8, de 16 pages et 2 gravures coloriées. . . . . 2 »

Races bovines, chevalines, porcines, ovines, Voir *Maison
  Rustique*, t. II, et *Bibliothèque du Culticateur*.

Sportsman (Guide du), ou Traité de l'entraînement et des courses ;
  par Eug. Gayot, ancien directeur des haras. 2ᵉ édit. 176 p. in-8. 3 50

Typhus de l'espèce bovine, par Delafond, professeur à l'École vé-
  térinaire d'Alfort. 20 pages in-8 et 5 gravures. 0 75

**Vétérina'res (Nécessité d'encourager l'établissement
  des)** dans les campagnes. 4 pages in-18, par Raven.. . . . . . 0 50

Vices rédhibitoires. Voir *Maison Rustique*, t. II

Zoologie rurale (Notions de), par Petit-Lafitte. 1 vol. in-18 de
  188 pages. 1 50

ÉCONOMIE DOMESTIQUE — CUISINE.

Bon domestique, par Mme Millet-Robinet. 1 v. in-12 de 205 p. 2 »

Boissons économiques (Fabrication des). Voir *M. R.*, t. III.

Caisse d'épargne et de prévoyance. Lettres à un jeune laboureur, par Louis Leclerc. 3e édit. In-12 de 60 pages 0 22

Conseils aux Jeunes Femmes, par Mme Millet-Robinet. 1 vol. in-18 de 284 pages et 30 gravures . . . . 3 fr. 50

Cuisinière de la campagne et de la ville (La); par L. E. A. 1 vol. in-12 avec figures. 44e édition . . . . 3 »

Denrées alimentaires (Traité populaire des) par Souillier. 1 vol. in-18 de 432 pages . . . . 3 »

Fromages (Fabrication des). Voir *Maison Rustique*, t. III.

Lait et Laiterie. Voir *Maison Rustique*, t. III.

Laiterie, Beurre et Fromage, par P. Villeroy. 1 vol. in-18 de 500 pages et 50 gravures 3 50

Cet ouvrage est divisé en cinq parties :

PREMIÈRE PARTIE. Production du lait, traite des vaches, rendement du lait, composition du lait, altérations et falsifications du lait. DEUXIÈME PARTIE Laiterie et ustensiles de laiterie. TROISIÈME PARTIE Richesse du lait en beurre, fabrication	du beurre, barattes, conservation du beurre. QUATRIÈME PARTIE Fabrication du fromage en France et en Angleterre, détails de fabrication, conservation des fromages, fruitières. CINQUIÈME PARTIE Commerce du lait, du beurre et des fromages.

Maison rustique des Dames, par madame Millet-Robinet. 2 vol. in-12, avec 250 gravures. 5e Édition 7 75

Cet ouvrage est divisé en quatre parties :

TENUE DU MÉNAGE	MÉDECINE DOMESTIQUE
Travaux — Repas. Comptabilité — Dépenses. Mobilier — Linge. Conserves — Blanchissage.	Pharmacie — Hygiène. Maladies des Enfants. Médecine et Chirurgie. Empoisonnement — Asphyxie.
CUISINE	JARDIN — FERME
Potages — Sauces. Viandes — Poissons — Gibier. Légumes — Fruits — Purées. Entremets — Desserts — Bonbons.	Jardins, Potagers, Fruitiers, Fleurs, etc. Ferme, Travaux des champs. Basse-cour, Vacherie, Laiterie, Bergerie, Porcherie.

Viandes (Conservation des), Salaisons, Boucanage. Voir *Maison Rustique*, t. III.

Vie (La) à bon marché; par Delamarre, député de la Somme. Le pain, la viande, les transports. 2e édit. 1 vol. in-12 de 708 pages. 3 50

Fromages dits de Géromé (Fabrication des), professeur de chimie. Brochure in-8° 0 50

BOIS — FORÊTS — CHARBON.

Aménagement des forêts (Cours d'); par Nanquette, professeur
d'économie forestière. 1 vol. in-8 de 556 pages. . . . . 6 »

Arbres forestiers (Conduite et taille des), par le vicomte de
Courval. 1 brochure in-8 de 110 pages et 15 planches. . . . . . 5 »

Assolements forestiers (Utilité des), par d'Arbois de Jubainville.
Une brochure in-8 de 48 pages. . . . . 2 »

Bois (Exploitation, débit et estimation des); par Nanquette,
professeur d'économie forestière. 1 vol. in-8 de 420 pag. et 15 pl. 7 50

**Bois (Traité général de la culture et de l'exploitation
des)**, par Thomas, 2 vol. in-8. . . . . 10 »

Bois (Cours élémentaire de culture des); par MM. Lorentz
et Parade, de l'école impériale de Nancy. 1 vol. in-8 de 700 pages.
4e édition. . . . . 8 »

**Charrue forestière, travaux de reboisement exécutés
dans le Blésois**, par Dubois. 1 brochure in-8 de 84 pages. . 2 fr.

Conifères (Traité général des). Description des Espèces et Varié-
tés connues, Synonymie, Culture, Multiplication; par Carrière, chef des
Pépinières au Jardin des Plantes de Paris. 1 vol. in-8 de 672 pag. 10 »

Conifères de pleine terre (86 variétés); par M. P. de M... Une
brochure in-8 de 24 pages. 1 50

Économie forestière (Études sur l'); par Jules Clavé. 1 vol.
in-18 de 580 pages. 3 50

Études de Maître Pierre sur l'agriculture et les forêts, par
Antonin Rousset. 1 vol. in-18 de 92 pages. . . . . 1 »

Futaies de chêne (Considérations culturales sur les),
par Dubois. 1 brochure in-8 de 42 pages. 1 50

Garde forestier (Guide pratique du), par Bouquet de la Grye.
1 vol in-18 de 270 pages. 2 »

Osier (Culture de l'), et art du Vannier, par Mottier. 60 pages
et 4 planches. . . . . 2 »

Pin maritime (Culture du), par Éloi Samanos. 1 vol. in-8 de 152
pages et 4 planches. . . . . 3 »

Procédure correctionnelle (Éléments de), à l'usage des agents
forestiers. Une brochure in-8° de 30 pages. . . . . 1 »

**Provence (La) au point de vue du bois, des torrents et des inonda-
tions**, par de Ribbe. 1 vol. in-8 de 200 pages. . . . . 3 »

Reboisement de la France (Du); par Joubert. In-8. . . . 1 50

Reboisement des montagnes de France; par Grandvaux. 1
vol. in-8 de 50 pages. 0 75

HORTICULTURE — ARBORICULTURE — BOTANIQUE.

Almanach du Jardinier; par les rédacteurs de la *Maison Rustique*.
188 pages et 59 gravures. 0 50

   Une nouvelle édition de cet almanach est publiée chaque année.

Arboriculture (Cours pratique d'), par GARNIER. 1 vol. in-12 de
504 pages. 2 25

Arboriculture (Manuel pratique d'), par l'abbé RAOUL. 1 vol.
in-18 de 2.4 pages et 10 gravures. 2 50

Arboriculture (Traité élémentaire et pratique d'); par
MENET. 1 vol. in-8 de 78 pages et 17 planches.. . . . . . .   2 50

Arboriculture (Traité théorique et pratique d'), par PRÉCLAIRE
1 volume in-8º de 178 pages et 1 atlas in-4º de 15 planches. . 5 »

Arbres fruitiers (Culture des); par BRAVY, 2ᵉ édit. 86 p. in-12. 0 75

Arbres fruitiers (Taille et Greffe des), par HARDY, 3ᵉ édit. 1 vol.
in-8 et 122 grav. 5 50

Arbres fruitiers (Nouveaux principes de la taille des),
par BAOS. 1 vol. in-8 de 142 pages et 25 gravures (1858). . ,   3 50

Bibliothèque du Jardinier, publiée avec le concours du Ministre
de l'Agriculture.

   Onze volumes in-12 sont en vente à 1 fr. 25 le vol., savoir :

ARBRES FRUITIERS. Taille et mise à fruit; par PEVIS. 2ᵉ éd. 167 pages. 1 25
DAHLIA; par PIROLLE. 1 vol. in-18 de 148 pages. 1 25
PLANTES DE SERRE FROIDE; par DE PUYDT. 157 pages et 13 grav. . . . 1 25
PÉPINIÈRES; par CARRIÈRE. 148 pages et 50 gravures. 1 25
LÉGUMES ET FRUITS; par JOIGNEAUX. 100 pages et 12 grands tableaux. 1 25
POTAGER (LE), jardin du cultivateur. par NADAIS. 187 pages et 31 grav. 1 25
ASPERGE. Culture; par LOISEL. 2ᵉ édition. 108 pages et 8 gravures. . . 1 25
MELON. Culture; par LOISEL. 5ᵉ édition. 108 pages et 7 gravures. . . . 1 25
PELARGONIUM; par THIBAULT. 108 pages et 10 gravures. 1 25
ROSIER — VIOLETTE — PENSÉE — PRIMEVÈRE — AURICULE — BALSAMINE
   — PÉTUNIA — PIVOINE, par MARX-LEPELLETIER. 108 pages. 1 25
CHIMIE ET PHYSIQUE HORTICOLES; par DRAGHIN. 120 pages et 11 grav. 1 25

   Chacun de ces volumes est vendu séparément.

   Cette collection de petits traités, ornée de gravures, est indispensable aux
jardiniers.

Bon Jardinier (Gravures du), 21ᵉ édit. 1 vol. in-12 de 600 pag.
avec 674 grav. et planches. . . . .   7 »

CONTENANT

1º Principes de botanique.	3º Construction et chauffage des serres.
2º Principes de jardinage, manière de tailler, marcotter, greffer, disposer et former les arbres fruitiers.	4º Instruments et outils de jardinage.
	5º Composition et ornement des jardins.
	6º Hydroplanie.

Bon Jardinier (Le), par POITEAU, VILMORIN, BAILLY, DECAISNE, NEUMANN, Paris. 1,650 pages in-12. . . . . 7 »

PRINCIPAUX CHAPITRES DU BON JARDINIER

Calendrier du Jardinier.	Division des plantes par famille.
Notions de botanique.	Plantes de pleine terre.
Chimie et physique horticoles.	Dictionnaire de toutes les plantes, ar-
Bêches, couches.	bres et arbustes connus jusqu'à ce
Serres, abris.	jour avec leur description; le nom de
Multiplication des plantes.	la famille à laquelle ils appartiennent,
Maladies, animaux nuisibles.	l'époque des semis, de la floraison;
Arbres fruitiers et taille.	leur culture et leur emploi dans les
Plantes potagères.	jardins.
— médicinales.	Ce dictionnaire contient le nom vul-
— de grande culture.	gaire et scientifique de chaque plante.

Une nouvelle édition du *Bon Jardinier* est publiée chaque année.

Cet ouvrage a été couronné par la Société impériale d'horticulture.

Ce livre, sans analogue dans notre langue, compte plus de cent éditions. Il a subi récemment une réforme complète. Chaque année, il est modifié de manière à suivre de près les progrès accomplis, quand il ne les précède pas. On y trouve une nomenclature de toutes les plantes de grande culture, de toutes les fleurs, de tous les arbres fruitiers, de tous les légumes, avec les meilleures méthodes de culture et d'entretien; des dessins représentant les instruments nouveaux, des tables raisonnées contenant le nom usuel et le nom *scientifique* des plantes, de telle sorte que le lecteur ne soit jamais embarrassé dans ses recherches.

Botanique populaire; par Henri Lecoq, professeur à la Faculté des sciences de Clermont-Ferrand. 1 vol. in-18 de 432 pag. et 215 gr.   3 50

PRINCIPAUX CHAPITRES DE LA BOTANIQUE POPULAIRE

Des végétaux en général.	Des feuilles et des stipules.
Des tissus.	Des organes accessoires.
De l'épiderme et des pores.	De la fleur et de ses accessoires.
De la tige.	Du fruit.
De la racine.	De la graine.
Des tubercules et des bourgeons.	

Botaniste-Cultivateur (Le). Description, culture et usages de la plupart des plantes étrangères naturalisées et indigènes cultivées en France; par DUHOST DE COURSET. 2ᵉ édition. Paris, 1814. 7 vol. in-8. . . 39 »

Cactées (Monographie de la famille des); suivie d'un **Traité complet de culture** et d'une table alphabétique de toutes les espèces et variétés, par LABOURET. 1 vol. in-12 de 732 pages. . 7 50

Cet ouvrage a été couronné par la Société impériale d'horticulture.

Calendrier Jacquin, indiquant l'époque des semis et plantations. 4 feuilles. 1 25

Camellia; par l'abbé Berlèse. 3ᵉ édition, culture et description de 180 variétés nouvelles. 1 vol. in-8 de 340 pages. . . . . 5 »

Catalogue des arbres à fruits, cultivés dans les pépinières du Chartreux de Paris, en 1775. 1 brochure in-18 de 82 pages, publié par DE LIRON D'AIROLLES. . . . . 2 »

Catalogue raisonné des arbres fruitiers, cultivés chez JAMIN et DURAND. 56 pages in-8. . . . . 1 50

Catalogue de André Leroy d'Angers. 1 vol. in-8 de 140 p.   1   »

Champignons et Truffes, par Jules Réar, 1 vol. in-18 de 172 pages et 12 planches coloriées. . . . . 3 fr. 50

> Champignons comestibles qui croissent en France à l'état sauvage. — Culture des champignons de couche. — Procédé de conservation des champignons comestibles. — Champignons vénéneux les plus communs. — Essais de multiplication artificielle de la truffe.

Chrysanthème (Culture du); par Lenoir, 36 pages in-12. . . . 0 75

Encyclopédie horticole, par Carrière, chef des pépinières au Muséum. 1 vol. in-18 de 729 pages. . . . . 5 fr.

Entretiens familiers sur l'horticulture, par Carrière. 1 vol. in-12 de 584 pages. 3 50

Fécondation naturelle et artificielle des végétaux et d'hybridation, par Henri Lecoq. 1 vol. in-8 de 124 pages et 100 grav. . 7 50

> Fécondation naturelle. — De l'espèce et de ses variations. — De la fécondation artificielle et des moyens de l'opérer. — Quelques considérations générales sur les hybrides.

Flore analytique de Toulouse et de ses environs; par Noulet. 2e édition. 1 vol. in-18 de 568 pages. . . . . 5 »

Flore élémentaire des Jardins et des Champs, avec des Clefs analytiques conduisant promptement à la détermination des Familles et des Genres, et un Vocabulaire des termes techniques; par Le Maout et Decaisne, de l'Institut, professeur de culture au Jardin des Plantes de Paris. 2 vol. petit in-8 de 940 pages. . . . . 9 »

> Aucun livre semblable aussi complet n'a été publié jusqu'à ce jour. Il est indispensable à tous ceux qui, s'occupant de botanique et de jardinage, veulent donner à leurs études une bonne direction. C'est un livre élémentaire destiné aux maisons d'éducation, et c'est en même temps une vaste nomenclature de toutes les plantes. Grâce à ce livre, un horticulteur inexpérimenté peut déterminer rapidement la famille d'une plante quelconque. Le nom des auteurs, MM. Decaisne et Le Maout, est une recommandation suffisante.

Flore de Belgique, par François Crépin. 1 vol. in-12 de 236 p. . 5 »

Herbier général de l'amateur, contenant la description, l'histoire, les propriétés et la culture des végétaux utiles et agréables; par Ch. Lemaire, avec figures d'après nature, par Bessa.
L'ouvrage complet, cinq vol. in-4, reliés contenant 337 figures coloriées des plantes nouvelles des jardins de l'Europe. . . . . 215 »

Horticulture; par John Lindley, traduit de l'anglais par Lemaire. 1 vol. grand in-8 de 450 pages et 37 gravures. 3 50

Horticulture (Cours élémentaire d'); par Boncenne. 2e édition. 2 volumes in-18. . . . . 1 50

PREMIÈRE ANNÉE : Organisation des végétaux, culture potagère, culture des fleurs. 1 vol. in-12 de 152 pages et 48 gravures.	DEUXIÈME ANNÉE : Organisation des végétaux ligneux, pépinières, multiplication, plantations, taille des arbres à fruits, culture de la vigne. 1 vol. in-12 de 160 pages et 54 gravures.

Chacun de ces volumes est vendu séparément. 0 75

Horticulture (Encyclopédie d'); par Bixio et Ysabeau. 2ᵉ édition
1 vol. in-4 de 514 pages, avec 500 gravures. . . . . 9 »
Forme le Vᵉ volume de la *Maison Rustique*.

Indicateur horticole à l'usage des amateurs et des jardiniers, par Robaux. Une brochure in-8. . . . . 1 »

Instruments de Jardinage. Voir *Maison Rustique*, t. V.

Jardinage. Voir *Maison Rustique*, t. V.

Jardinier (Manuel complet du), par Louis Noisette. 4 vol. in-8
et un supplément formant ensemble 2710 pages et 25 planches. . 25 »

Jardinage pour tous (Traité de), par Boscenne. 2ᵉ édition.
1 vol. in-12 de 440 pages. 2 50

**Jardinier des fenêtres (Le) des appartements et des
petits jardins**, par J. Rémy. 1 v. in-18 de 300 p. et 52 gr. 4ᵉ éd. 3 50

PREMIÈRE PARTIE. — Fleurs et Fruits. — Listen-lies. — Arrosage. — Rempotage. — Le jardin sur la fenêtre, sur la terrasse. — Les petits jardins, arbres et fleurs. — Le jardin chez soi, serre portative.

DEUXIÈME PARTIE — Aquarium et Poissons — Les plantes et poissons dans l'aquarium. TROISIÈME PARTIE. — Oiseaux d'appartement — La fenêtre double. — Volière associée à la serre-fenêtre.

Jardinier multiplicateur (Guide du); par Carrière. 1 vol. in-12
de 272 pages. 3 50

**Jardins (Traité de la composition et de l'ornementation
des)**. 6ᵉ édition. 2 vol. in-4 oblong avec 168 planches gravées. 25 »

Jardins fruitiers. Voir *Maison Rustique*, t. V.

Jardins paysagers. Voir *Maison Rustique*, t. V.

Légumes-Racines (Culture des). Betteraves, Carottes, Pommes de
terre, Radis, Topinambours. V. *Maison Rustique*, t. II, et *Bon Jardinier*.

Lis (Histoire et Culture du); par Thierry. 180 pages in-12. 1 50

Maison Rustique du 19ᵉ siècle. Voir p. 3.

Maison Rustique des Dames. Voir p. 21.

Maladies. Voir *Arbres fruitiers*. — Voir *Maison Rustique*, t. I et V.

Maladies organiques des arbres fruitiers, des causes et
des moyens de les prévenir; par Lanate. Une br. in-8 de 44 pag. 1 50

Melon. Voir *Bibliothèque du Jardinier*, p. 23 et *Maison Rustique*, p. 3.

Melon (Monographie complète du), par Jacquin aîné. 1 vol.
in-8 de 200 pages et 25 planches coloriées. Prix. . . . . . . 7 »

Olivier (Taille de l'), par Banges, professeur d'agriculture du département du Var. Une brochure in-8 de 48 pages. . . . . . . 1 »

Orangerie. Voir *Maison Rustique*, t. V.

Orchidées (Culture des). Instructions sur leur récolte, expédition et mise en végétation, et liste descriptive de 550 espèces et variétés; par MOREL, vice-président de la Société impériale d'horticulture. 1 v.   5   »

PRINCIPAUX CHAPITRES DE CET OUVRAGE

Serres à Orchidées.	Mouillage.
Chauffage, ombrage, aération.	Insectes nuisibles.
Culture en pots,	Multiplication.
— en paniers.	Fécondation.
— sur bois.	Floraison.
Rempotage.	

Pêchers en espaliers (Conduite et taille des), par LACHAUME. 1 vol. in-18 de 212 pages et 40 gravures.   2   »

Pêcher (Culture du), par LEROY-PURVALLE, 2ᵉ édition. 1 volume in-18. . . . .   3 50

Pêches et Brugnons (Nomenclature des), par CARRIÈRE. 1 brochure in-18 de 68 pages . . . .   1 fr.

Pensée. Voir *Bibliothèque du Jardinier*, p. 23.

Pensée (Culture de la); par DE PONSORT. 108 pages in-12. .   1 50

Pépinières d'arbres fruitiers et d'ornement. Voir *Maison Rustique*, t. V, *Bon Jardinier* et *Bibliothèque du Jardinier*, p. 23.

Plantes, Arbres et Arbustes (Manuel général des). Description et culture de 25,000 plantes indigènes d'Europe ou cultivées dans les serres; par MM. HERINCQ et JACQUES, ex-jardinier en chef du domaine royal de Neuilly, pour les trois premiers volumes, et DUCHARTRE, pour le quatrième volume. — 4 vol. petit in-8 à 2 colonnes 36   »

   C'est un recueil à la fois scientifique et pratique. La botanique et la culture ont été réunies dans cet ouvrage. Les espèces et les variétés anciennes et nouvelles y sont décrites avec la plus scrupuleuse exactitude, leur culture et leur entretien y sont traités avec le même soin. Ce livre convient également aux savants et aux praticiens.

Plantes de collections. Tulipes, Jacinthes, Renoncules, Œillets, Dahlias, Rosiers, Chrysanthèmes, Iris. Voir *Maison Rustique*, t. V.

Plantes d'ornement. Voir *Maison Rustique*, t. V, et *Bon Jardinier*.

Plantes de terre de bruyère. Rhododendrons, Azalées, Camellias, Bruyères, Ipacris, etc., par Éd. ANDRÉ. 1 vol. in-18 de 388 pages avec 30 gravures 3 50

Plantes potagères à fruits comestibles. Melons, Cornichons, Citrouilles, Fraisiers, etc. Voir *Maison Rustique*, t. V.

Poiriers et Pommiers (Méthode élémentaire pour tailler et conduire les); par LACHAUME. 1 v. in-18 de 285 p. et 46 gr.   2 50

Poiriers (Les) les plus précieux parmi ceux qui peuvent être cultivés à haute tige; par LEROY-D'AMBOILES (DE). 2ᵉ édit. 1 vol. in-8 avec pl.   2   »

Primevère. Voir *Bibliothèque du Jardinier*, p. 23.

Quarante poires pour les dix mois, de juillet à mai; par M. P. DE M... 1 vol. in-8 de 128 pages avec figures. 3 50

Reine-Marguerite et ses variétés; par Bossin. In-12 de 48 pag.   0 50

Rosier. Voir *Bibliothèque du Jardinier*, p. 23.

Rosier (Prodrome de la Monographie du genre), par Tho-
ry. 1 volume in-12 de 100 pages. 1 25

Semis de fleurs (Instructions pour les) de pleine terre, la
formation et l'entretien des gazons; par Vilmorin. In-16. . . .   0 75

Serres (Art de construire et de gouverner les) par Neumann.
1 vol in-4 oblong renfermant 23 planches.. . . . .   7 »

Serres froides, chaudes, tempérées, humides. V. *Maison Rustique*, t. V.

Serres (Chauffage des); par Rafarin. 1 vol. in-8, 26 grav.   3 50

Serres et Orangeries de plein air, par Cu. Naudin. 32 pages
in-8. . . . .   0 75

Thermosiphon. Voir *Maison Rustique*, t. V, et *Serres (Chauffage des)*.

**Végétaux (Rôle de l'oxygène dans la respiration et la
vie des)**; par Edouard Robin. 60 pages in-8.. . . . .   1 50

Violette. Voir *Bibliothèque du Jardinier*, p. 23.

Le *Journal d'Agriculture pratique* a été entrepris après l'achèvement de la *Maison Rustique du 19ᵉ siècle*, avec la conviction que le public agricole ne ferait point défaut à un journal qui, s'abstenant de théories douteuses, obtiendrait la collaboration des agriculteurs les plus éminents, renfermerait dans un même cadre l'enseignement théorique et ses applications pratiques, et ne laisserait rien échapper de ce qui peut survenir en Europe de faits intéressants pour la culture.

Le succès a dépassé toute attente, car le *Journal* a bientôt constitué les véritables annales de l'agriculture, où les savants et les agriculteurs français et étrangers les plus considérables, MM. Arago, Biot, Boussingault, de Cavour, de Gasparin, Lefour, Moll, Payen, Puvis, Ridolfi, Villeroy, Vilmorin, Yvart, etc., sont venus déposer le fruit de leurs travaux et développer les règles certaines de la pratique la plus productive.

La *Maison Rustique du 19ᵉ siècle* avait recueilli tous les faits incontestés qui, au moment où elle a paru, formaient l'ensemble de nos connaissances agricoles.

Le *Journal* a décrit avec clarté les progrès accomplis depuis cette époque, et est ainsi devenu un recueil indispensable aux praticiens, aux propriétaires et à tous les agronomes. Tous ceux qui ont besoin de connaître les faits qui concernent soit l'agriculture proprement dite, soit l'élève du bétail, soit l'une des industries qui emploient comme matières premières les produits du sol ou de l'étable, viennent lui demander des enseignements utiles sur la direction à donner à toute exploitation. Le cultivateur, le fermier, le propriétaire, l'industriel, lisent avec fruit une publication où aucun fait économique n'est passé sous silence, où toute méthode, toute invention nouvelle est décrite avec soin et appréciée avec mesure.

Outre de nombreux articles ou mémoires sur toutes les questions que peuvent présenter la culture de toutes les plantes, l'élève du bétail, la construction des instruments aratoires, les industries annexées aux exploitations rurales, les irrigations, le drainage, etc., le *Journal d'Agriculture pratique* publie :

Tous les quinze jours :

1° Une *Chronique agricole*, rédigée par M. Barral, rapportant les faits nouveaux qui se sont produits dans le monde agricole;

2° Une *Revue commerciale*, avec une *Table des prix des denrées agricoles*, par M. Georges Barral, où se trouve la seule mercuriale qui jusqu'à ce jour s'occupe des marchés de toutes les parties de la France et des principaux marchés étrangers.

3° Un *Bulletin forestier*, par M. Perret, contenant les renseignements les plus précis sur les mouvements du commerce des bois, des charbons, des houilles, etc., sur les adjudications des coupes, les changements dans le personnel de l'administration des eaux et forêts, etc.

4° Un *Compte-rendu* des séances de la Société impériale et centrale d'Agriculture de France, par M. Eugène MARIE.

Tous les mois :

1° Une *Revue bibliographique* des publications agricoles, rédigée, suivant leur spécialité, par les collaborateurs du Journal;

2° Une *Revue des travaux des Comices et des Sociétés agricoles françaises et étrangères*; par MM. Eug. MARIE, Maurice BLOCK et Eug. RISLER;

3° Une *Revue de jurisprudence agricole*, par M. Victor LEFRANC et BOST;

4° Une *Chronique agricole de l'Angleterre*, par M. DE LA TRÉHONNAIS (de Falmouth);

5° Une *Chronique agricole de la Belgique*, par M. Émile MARBACH;

6° Une *Revue météorologique agricole* du mois précédent, donnant les observations journalières de la température, de la pluie, du vent etc., pour vingt points choisis sur la surface de la France, et indiquant exactement la situation des récoltes en terre et l'influence exercée sur les plantes par les circonstances météorologiques.

7° Une *partie officielle*, contenant les lois, décrets et règlements relatifs aux questions agricoles.

Tous les trois mois :

1° Une *Chronique séricicole*, où MM. ROBBET et Eugène ROBERT racontent les progrès de l'industrie de la soie;

2° L'analyse des principaux *brevets d'invention* délivrés pour machines agricoles, engrais, systèmes d'irrigation, etc.;

3° Une *Chronique vétérinaire*, où l'on fait connaître les moyens curatifs imaginés contre les maladies du bétail;

4° Une *Chronique des courses*, due à M. Eugène GAYOT, qui s'attache à faire profiter l'agriculture des dépenses considérables faites par l'État pour l'amélioration de nos races;

5° Une *Chronique forestière*, où M. DELERT présente le résumé des faits qui intéressent les propriétaires de forêts, les maîtres de forges et le commerce de bois et charbons;

6° Une *Chronique agricole algérienne*, rédigée par M. Jules DUVAL dans le but de faire connaître à la France les efforts que fait l'agriculture naissante de nos possessions africaines.

7° Une *Chronique agricole des colonies*, par M. Jules DUVAL ;

Des articles spéciaux sont consacrés à tous les *Concours régionaux et généraux* d'animaux de boucherie ou reproducteurs. Les grandes expositions industrielles, les Concours des Sociétés d'agriculture d'Angleterre et de Belgique, sont visités par des collaborateurs qui rendent compte de tous les faits importants qui s'y produisent.

De très belles et très-nombreuses gravures coloriées et noires représentent les animaux primés dans les concours, les nouvelles variétés de plantes, les instruments récemment inventés, les systèmes de culture, les plans des exploitations rurales les plus remarquables, etc.

Le *Journal d'Agriculture pratique* est la publication spéciale la plus répandue non-seulement dans toute l'Europe, mais encore dans les autres continents des deux mondes.

REVUE
HORTICOLE

JOURNAL D'HORTICULTURE PRATIQUE

FONDÉ EN 1829 PAR LES AUTEURS DU BON JARDINIER

PUBLIÉ SOUS LA DIRECTION DE M. BARRAL

DIRECTEUR DU JOURNAL D'AGRICULTURE PRATIQUE

Membre des Sociétés impériale et centrales d'Horticulture et d'agriculture de France,
des Académies et Sociétés agricoles ou horticoles de Luxembourg, Munich, New-York, Turin, Vienne, etc.

AVEC LE CONCOURS DE MM.

D'AIROLES, ANDRÉ, BONCENNE, CARRIÈRE, DU BREUIL,
DUPUIS, GRŒNLAND, HARDY, DE LAMBERTYE, LECOQ, LEMAIRE, MARTINS,
DE MORTILLET, NAUDIN, PEPIN, VERLOT, ETC.

Paraît le 1ᵉʳ et le 16 du mois en un cahier de 24 pages in-8, avec une gravure coloriée
et de nombreuses gravures noires

LA REVUE FORME TOUS LES ANS UN BEAU VOL. IN-8 DE 570 PAGES, 24 GRAVURES COLORIÉES
DE FLEURS ET DE FRUITS ET DE NOMBREUSES GRAVURES NOIRES

PRIX DE L'ABONNEMENT POUR LA FRANCE, L'ALGÉRIE ET LA CORSE

UN AN (Janvier à Décembre) . . . 16 fr.

Port en sus pour les Pays étrangers

On souscrit en envoyant *franco* au gérant de la *Revue*, rue Jacob, 26, le prix de
l'abonnement, soit 18 fr. en un bon de poste dont on garde la souche, qui sert de
quittance ou un mandat à vue sur Paris.

La *Revue horticole*, fondée par les auteurs du *Bon Jardinier*, qui
ont voulu en faire le complément de cet ouvrage, contient l'application,
pour toutes sortes de plantes et dans toutes les circonstances possibles,
des principes qui sont développés dans cet important traité de culture.
Pour être au courant des progrès de la science et de la pratique horti-
coles, tant en France qu'à l'étranger, il est donc nécessaire de se procu-
rer la dernière édition du *Bon Jardinier* et de recevoir la *Revue*

horticole, dont les 24 livraisons, publiées dans l'année, forment un beau volume de 750 pages in-8 avec 24 gravures coloriées et de nombreuses gravures noires.

Les plantes d'ornement sont aujourd'hui extrêmement nombreuses, et tous les jours elles tendent à se multiplier encore; leur distinction, soit générique, soit spécifique, fondée sur la connaissance de leurs caractères botaniques, forme une partie essentielle de la science du jardinier et de l'horticulteur. C'est dans le but de faciliter cette connaissance que la *Revue* décrit avec détail les espèces nouvelles les plus remarquables, et qu'elle donne, pour beaucoup d'entre elles, des figures dessinées avec soin, en même temps qu'elle fait connaître les procédés de leur culture.

Tous les nouveaux procédés de taille des arbres fruitiers sont figurés et décrits par des arboriculteurs; la culture maraîchère, la culture des légumes de primeur, sont l'objet d'études spéciales faites avec le plus grand soin, particulièrement dans les marais si remarquables des environs de Paris et dans ceux des principales villes du Nord ou du Midi. Enfin, la *Revue* donne le dessin, la description, le prix et l'appréciation raisonnée de tous les nouveaux instruments d'horticulture.

Partant de ce principe que les connaissances de tous doivent profiter à tous, la direction de la *Revue* ouvre ce Journal à quiconque veut bien lui adresser ses propres observations. Toutes celles de ces communications qui paraissent utiles sont publiées, en laissant à chacun la responsabilité des faits ou des idées qu'il énonce, le droit de discussion étant d'ailleurs réservé à tous les collaborateurs de la *Revue*.

La publication d'une nomenclature de plantes expérimentées par les abonnés de la *Revue* est une heureuse innovation qui peut servir à mettre les horticulteurs en garde contre les illusions des catalogues et éviter aux lecteurs de la *Revue* des dépenses inutiles et des déceptions fâcheuses.

Une chronique horticole et une revue commerciale tiennent le lecteur au courant de tous les faits qui se produisent soit au sein des sociétés d'horticulture, soit sur les marchés de légumes, de fruits, de fleurs, d'arbustes. Les solennités horticoles de Paris ou des départements y sont signalées, les meilleurs articles publiés dans les journaux horticoles étrangers y sont analysés. Tous les numéros contiennent en outre un compte rendu des séances de la Société centrale d'horticulture.

La *Revue horticole* est le seul journal d'horticulture qui s'occupe de toutes les parties de la France et se tienne, par la fréquence et la régularité de sa périodicité et par l'abondance de ses renseignements, au niveau du mouvement de l'horticulture.

TABLE ALPHABÉTIQUE DES NOMS D'AUTEURS

L'astérisque indique la répétition du nom de l'auteur dans la même page.

Alliot, 9.
André, 27.
Angleville (d'), 15.
Arbois de Jubainville, 22.
Artaud, 27.
Aylies, 29.
Bailly, 5, 24.
Barles, 20.
Baron, 25.
Barral, 5, 8, 9, 15**, 16, 29, 32, 34.
Barral (Georges), 30.
Bazin, (C.) 9.
Bazin (Arnaud), 8.
Berlèse (Abbé) 24.
Bertin (Ant.), 6, 11.
Bertin, avocat, 18.
Bengy-Puyvallée (de), 27.
Benoit, 15.
Buxio, 5, 18, 26.
Block, 31.
Bohaerre, 5, 13.
Bodin, 4.
Bona, 12.
Boncenne, 25, 26, 34.
Bonnier, 11.
Borie, 4*, 5, 6, 29, 31.
Portier, 7, 15*.
Boassin, 28.
Post, 31.
Bouley, 18, 29.
Boullenois (de), 14.
Bouquet de la Grye, 22.
Boussingault, 29.
Payer, 11.
Brary, 25.
Breton, 7*, 8.
Bruschsn, 15.
Busault-Jacques, 6, 9.
Cancalon, 8.
Carrière, 22, 23, 26, 27, 34.
Carpentier, 5.
Casanova, 11.
Ceris (de), 20.

Charrel, 14.
Chavannes (de), 11.
Chevalier, 14.
Cluvé, 22.
Collignon d'Ancy, 17.
Courval (de), 22.
Crepin, 25.
Cuvier (Georges), 3.
Dailly, 24.
Dalbac, 16.
Dancy, 12.
Dampierre (de), 5, 29.
Debeauvoys, 14.
Peronne, 24, 25.
De Gouges, 7.
Delérain, 25.
Delacroix, 15.
Delafond, 20.
Delamarre, 21.
Delbet, 29, 31.
Demoor, 5.
Desvaux, 16.
Devergeris, 7.
Dombasle (de), 4, 5, 6, 8*.
Doyère, 5, 8*.
Prédas, 11.
Dubois, 22*.
Du Breuil, 29, 31.
Van Lerius, 27.
Duguet, 7.
Bernard de Courset, 21.
Dupois, 31.
Durand-Lainé, 8.
Boxe-gueur, 14.
Duval (Jules), 29, 31.
Econchant, 17.
Erath, 5.
Erlach (d'), 29.
Falliot, 7.
Farlet, 34.
Fouquet, 5*.
Fourné, 9.
Frélat, 9.
Garrau, 29.

Garnier, 17.
Gasparin (de), 4, 5*.
Gaudry, 25.
Gayot, 6*, 18*, 19, 20, 29, 31.
Geoffroy-Saint-Hilaire.
Girardin, J., 29.
Gourcy (de), 11.
Grandvaux, 22.
Groenland, 34.
Guérin (de), 29.
Guérin-Méneville, 14*.
Guillon, 4*, 6.
Guyot (Jules), 17***, 29.
Hardy, 25, 34.
Hérincq, 27.
Herpré, 5, 9, 10*, 13.
Hoolbrenck, 8.
Jacque (Ch.), 20.
Jacques, 27.
Jacquin, 24, 26.
Janet, 4, 29.
Jamin et Durand, 24.
Jauffret, 13.
Jeandel, 15.
Johard-Bussy, 17.
Joigneaux, 5, 6, 16, 23.
Joubert, 7, 11, 22.
Juillet, 19.
Kaemler, 7.
Kergorlay (de), 12, 29.
Koltz, 9.
Labenne (de), 14.
Laboulel, 24.
Larbanue, 27*.
Lahaye, 26.
Labran, 17.
Lamberiye (de) 31.
Lamboa-Mireval, 16.
Lamoricière (Général), 19.
Langlus, 7.
Larlet, 6.
Latrrade, 8.
Laurillard, 5.
Lavaleye, 8.